BRIDE HAIRSTYLE

完美新娘

晚礼发型实例教程

温狄 编著

人 民 邮 电 出 版 社

北 京

图书在版编目（ＣＩＰ）数据

完美新娘晚礼发型实例教程 / 温狄编著. -- 北京 ：
人民邮电出版社，2016.8
ISBN 978-7-115-42645-1

Ⅰ．①完… Ⅱ．①温… Ⅲ．①女性－发型－设计－教
材 Ⅳ．①TS974.21

中国版本图书馆CIP数据核字(2016)第149056号

内 容 提 要

　　本书是新娘晚礼发型的实例教程，书中包含低发髻盘发、高发髻盘发、后缀式盘发、偏侧式盘发及不规则盘发 5 个主题的发型设计案例解析，共 100 款造型。书中的实例图文并茂，结构清晰，步骤详尽。书中还配有精美大图供读者赏析，化妆造型师可以从中寻找灵感。本书不但能使读者轻松地掌握每款发型的设计方法及造型要领，还能使读者举一反三，达到自主设计发型的目的。

　　本书适合婚礼跟妆师及影楼化妆造型师阅读，同时也可作为造型培训机构的专业教材使用。

◆ 编　　著　温　狄
　　责任编辑　赵　迟
　　责任印制　陈　犇

◆ 人民邮电出版社出版发行　　北京市丰台区成寿寺路 11 号
　　邮编　100164　　电子邮件　315@ptpress.com.cn
　　网址　http://www.ptpress.com.cn
　　北京方嘉彩色印刷有限责任公司印刷

◆ 开本：889×1194　1/16
　　印张：14.5
　　字数：615 千字　　　　　　　　　　　2016 年 8 月第 1 版
　　印数：1 - 2 800 册　　　　　　　2016 年 8 月北京第 1 次印刷

定价：98.00 元
读者服务热线：(010)81055410　印装质量热线：(010)81055316
反盗版热线：(010)81055315
广告经营许可证：京东工商广字第 8052 号

前言

随着社会经济的发展和人们消费水平的不断提高，化妆造型行业也在飞速地发展。化妆造型的消费群体日益壮大，有越来越多的人比以往更加注重自己的形象，他们开始追求完美而有个性的造型。同时，为社会各个阶层的人服务的化妆造型师也应运而生。化妆造型师这一职业已从影视、舞台延伸到社会的各个行业，也融入了普通大众的生活中。

本书着重介绍了新娘晚礼发型，它在整个婚礼当中的作用十分重要。新娘的发型是婚礼中一个非常重要的因素，它不仅是新娘整体造型的美好衬托，也是整场婚礼中不可忽视的焦点。在婚礼当日，新娘的造型不仅要体现新娘本身的气质，还要符合婚礼的主题，或时尚，或优雅，或传统……新娘的晚礼造型常用于西式婚礼，以时尚大方、端庄优雅为主，以塑造出新娘纯洁美好的形象。

本书呈现100个案例，通过通俗易懂、图文并茂的形式将新娘的发型展现给大家，并融入了当下流行的元素及造型手法。希望大家在对照本书练习时能掌握每款造型的每个细节，我经常对我的学生说：细节决定成败！希望读者在对造型手法熟练掌握的基础上，能举一反三。同时本书中还穿插了大量可供欣赏的大图，希望可以激发读者更多的创作灵感。

在此，我要特别感谢苏州罗门为本书提供的礼服、饰品，并对辛苦工作的所有工作人员，尤其是苏州B-angel模特公司的美女们表示诚挚的感谢。

最后祝愿所有的同行朋友们在化妆造型的道路上越走越好！让我们一起为这美丽的事业添砖加瓦！

温狄

2016.4

01 低发髻盘发 | 012

02 低发髻盘发 | 014

03 低发髻盘发 | 016

04 低发髻盘发 | 018

05 低发髻盘发 | 020

06 低发髻盘发 | 022

07 低发髻盘发 | 024

08 低发髻盘发 | 026

09 低发髻盘发 | 028

10 低发髻盘发 | 030

11 低发髻盘发 | 032

12 低发髻盘发 | 034

13 低发髻盘发 | 036

14 低发髻盘发 | 038

15 低发髻盘发 | 040

16 低发髻盘发 | 042

17 低发髻盘发 | 044

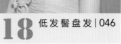

18 低发髻盘发 | 046

19 低发髻盘发 | 048

20 低发髻盘发 | 050

41 高发髻盘发 | 094

42 高发髻盘发 | 096

43 高发髻盘发 | 098

44 高发髻盘发 | 100

45 高发髻盘发 | 102

46 高发髻盘发 | 104

47 高发髻盘发 | 106

48 高发髻盘发 | 108

49 高发髻盘发 | 110

后缀式盘发

50 后缀式盘发 | 114

51 后缀式盘发 | 116

52 后缀式盘发 | 118

53 后缀式盘发 | 120

54 后缀式盘发 | 122

55 后缀式盘发 | 124

偏侧式盘发

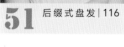

56 后缀式盘发 | 126

57 后缀式盘发 | 128

58 后缀式盘发 | 130

59 后缀式盘发 | 132

60 偏侧式盘发 | 136

81 偏侧式盘发｜178

不规则盘发

82 不规则盘发｜182

83 不规则盘发｜184

84 不规则盘发｜186

85 不规则盘发｜188

86 不规则盘发｜190

87 不规则盘发｜192

88 不规则盘发｜194

89 不规则盘发｜196

90 不规则盘发｜198

91 不规则盘发｜200

92 不规则盘发｜202

93 不规则盘发｜204

94 不规则盘发｜206

95 不规则盘发｜208

96 不规则盘发｜210

97 不规则盘发｜212

98 不规则盘发｜214

99 不规则盘发｜216

100 不规则盘发｜218

BRIDE
HAIR
STYLE
低发髻盘发

01

低发髻盘发

BRIDE HAIR STYLE

所用手法： 烫发、打毛、外翻拧转。

造型重点： 顶区具有透气感的发丝纹理是此造型的关键，打毛时，切记只处理头发的根部，最外侧表面的头发无需打毛。

风格特征： 优雅含蓄的韩式发髻盘发结合空气感的发丝，再搭配森系花冠，整体造型尽显新娘清新甜美的气质。

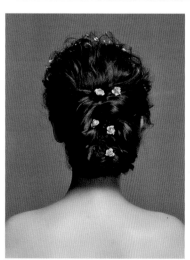

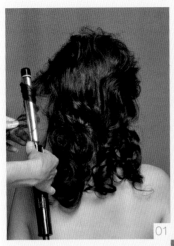

Step 01

用中号电卷棒将所有的头发进行外翻烫卷。

01

Step 02

将顶区头发的根部打毛。

02

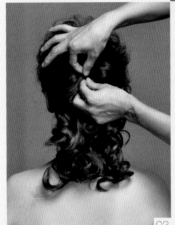

Step 03

将头发由前向后做拧包，盘起并固定。

03

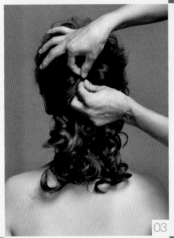

Step 04

取左侧的一束发片，向枕骨处提拉，拧转并固定。

04

Step 05

取右侧的头发，以同样的手法操作。

05

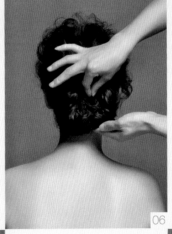

Step 06

将剩余的头发向上拧转，提拉并固定成发髻。

06

Step 07

拉扯顶区的发丝，使其更蓬松。

07

Step 08

佩戴头饰，点缀造型。

08

低发髻盘发

BRIDE HAIR STYLE

所用手法： 烫发、交叉拧转、两股拧绳。

造型重点： 在打造刘海处的拧包时，要将头发根部打毛，使其高耸而饱满；同时要注意发丝的灵动感，不可拧得过紧；后发区交叉拧转的发髻要层次分明，大小均匀。

风格特征： 高耸的刘海灵动而具有时尚感，结合后发区优雅的交叉拧转盘发，搭配头饰，整体造型尽显新娘优雅俏丽的迷人气质。

Step 01

将所有的头发烫卷。将刘海的根部打毛，然后将其拧包，盘起并固定。

Step 02

取左侧的一束发片，向顶区提拉并固定。

Step 03

将右侧的发片以同样的手法操作。

Step 04

继续在左侧取一束发片，向右侧提拉并固定在脑后。

Step 05

取右侧的一束发片，向左侧提拉并固定在枕骨处。

Step 06

继续以相同的手法操作至后发际线处。

Step 07

将剩余的发尾进行两股拧绳处理。

Step 08

将拧绳的头发盘起，并固定在后发区，形成圆润的低发髻。

Step 09

佩戴头饰，点缀造型。

03

低发髻盘发

BRIDE HAIR STYLE

所用手法： 烫发、打毛、拧包、外翻拧转。

造型重点： 顶区及刘海的发丝纹理要具有透气性，后发髻的外翻拧包盘发的轮廓要圆润光洁。

风格特征： 端庄的外翻拧转发髻盘发结合顶区空气感的发丝，搭配碎花，整体造型尽显新娘清新而浪漫的优雅气质。

Step 01
将顶区的头发做拧包，将其盘起并固定。

Step 02
用小号电卷棒将刘海烫卷。

Step 03
用手指将发卷抓开。

Step 04
将刘海的根部打毛。

Step 05
取后发区左侧的头发，进行外翻拧转。

Step 06
将拧转的头发由左向右进行拧转并盘起。

Step 07
将盘起的头发固定在右耳上方。

Step 09
佩戴头饰，点缀造型。

Step 08
调整顶区及刘海区发丝的纹理。

04

低发髻盘发

BRIDE HAIR STYLE

所用手法： 烫发、拧转、两股拧绳。

造型重点： 顶区第一束发片在拧转时要高耸一些，不可过紧；前额的发卷以外翻的手法烫卷，发丝的线条要清晰。

风格特征： 简洁大气的两股拧绳盘发结合空气感的发卷，搭配头饰，整体造型尽显新娘甜美而娇俏的气质。

Step 01

取顶区的一束头发，进行拧转。

Step 02

取左侧的一束头发，将其与顶区的头发交叉拧转。

Step 03

取右侧的一束头发，将其与拧转后的头发交叉并拧转。

Step 04

继续从左侧取一束头发，再进行拧转。

Step 05

将右侧剩余的头发交叉并拧转。

Step 06

将发尾进行两股拧绳。

Step 07

将拧绳的头发向后发区的左侧提拉后，将其拧转并固定。

Step 08

拉扯顶区的头发，使其发丝的纹理自然而蓬松。

Step 09

佩戴头饰，点缀造型。

Step 10

将前额边缘的发丝烫卷。

Step 11

调整发丝的纹理。

05

低发髻盘发

BRIDE
HAIR
STYLE

所用手法： 做湿发刘海、打毛、拧绳。

造型重点： 此款造型的重点在于打造湿发刘海，涂抹啫喱后，将刘海贴合前额并梳理出波浪状纹理；注意顶区的轮廓要饱满，这样可以有效提升新娘的气质。

风格特征： 个性的湿发刘海搭配简约的低发髻盘发，加上头饰的点缀，整体造型凸显出新娘时尚而个性、优雅迷人的气质。

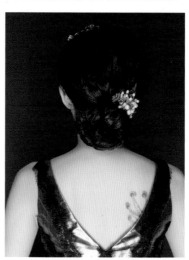

Step 01

将刘海涂抹上啫喱，做湿发刘海。

Step 02

将顶区头发的根部打毛，然后向后梳理，并将表面的头发梳理干净。

Step 03

将所有的头发做拧绳处理。

Step 04

将拧绳的头发盘起，在后发区固定成低发髻。

Step 05

在顶区佩戴头饰，点缀造型。

06

低发髻盘发

BRIDE HAIR STYLE

所用手法：束马尾、连续手打卷。

造型重点：此款造型的重点是发卷之间的叠加衔接，发型的整体轮廓要饱满而圆润。

风格特征：精致优雅的发卷组合发髻搭配时尚头饰，整体造型尽显新娘高贵优雅的气质。

Step 01

取顶区的头发束马尾，然后对半扎起。

Step 02

将马尾的发片向上拧转。

Step 03

用卡子将拧转的头发固定。

Step 04

将右侧的头发以同样的手法进行操作。

Step 05

将右侧拧转好的头发提拉，与第一束发片衔接并固定。

Step 06

继续以同样的手法将右侧剩余的头发由右向左进行操作。

Step 07

取左侧的头发，束马尾，然后对半扎起。

Step 08

将左侧的头发与其他发髻衔接并固定，将其发尾做连续手打卷并收起。

Step 09

佩戴头饰，点缀造型。

07

低发髻盘发

BRIDE
HAIR
STYLE

所用手法： 三股编辫、拧转、手打卷。

造型重点： 此款造型的重点在于打造后发髻的纹理，在拧转左右两边的发片时发量要均匀一致，同时切记一定要将发片固定在顶区对折的发辫之上。

风格特征： 精致的韩式盘发纹理清晰、轮廓分明，搭配头饰，整体造型凸显出新娘端庄优雅的气质。

Step 01

从顶区到后区分出一个倒三角的发区。

Step 02

将倒三角发区的头发进行三股编辫。

Step 03

将发辫进行对折后固定。

Step 04

取右侧的一束发片，向左侧提拉并固定。

Step 05

取左侧的一束发片，向右侧的发片上方固定。

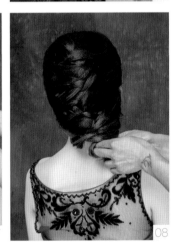

Step 06

将发尾穿过向左侧固定的发片。

Step 07

以同样的手法依次对左右两侧的头发进行操作，直至头发尾端。

Step 08

将剩余的发尾做手打卷。

Step 09

将手打卷向内收起并固定。

Step 10

佩戴头饰，点缀造型。

08

低发髻盘发

BRIDE HAIR STYLE

所用手法：烫发、打毛、两股拧绳、三股编辫。

造型重点：顶区头发的发丝要有透气感，三股发辫的纹理要均匀。

风格特征：极具时尚感的空气感盘发利用发丝的凌乱线条，并结合田园风格的发辫，再搭配精美的额饰，整体造型尽显新娘时尚而个性、俏丽甜美的风格。

Step 01

将顶区头发的根部打毛。

Step 02

将打毛的头发向后梳理，留出后发区左侧的头发，将后发区中间和右侧的头发进行两股拧绳。

Step 03

将拧绳的头发拧转并固定在后发区的右侧。

Step 04

将留出的后发区左侧的头发进行两股拧绳。

Step 05

将左侧拧绳的头发沿着发髻边缘缠绕并固定。

Step 06

将右侧的头发进行三股编辫。

Step 07

拉扯发辫的边缘，使其蓬松。

Step 09

佩戴头饰，点缀造型。

Step 08

将发辫压着顶区发包并由右向左提拉，然后固定在左耳后方。

低发髻盘发

BRIDE
HAIR
STYLE

所用手法： 打毛、拧包、束马尾、手推花。

造型重点： 此款造型的重点在于后发髻的手推花，两股拧绳时，拧绳松一些才能使手推花的纹理更加饱满。

风格特征： 高耸的拧包刘海、精致的手推花发髻搭配仿真花，整体造型凸显出新娘时尚而含蓄的气质。

Step 01

将刘海向后提拉并打毛。

Step 02

将打毛的刘海做拧包，盘起并固定。

Step 03

将左侧的头发扎成马尾。

Step 04

拉扯马尾根部的头发，使其饱满。

Step 05

将右侧的头发以同样的手法进行操作。

Step 06

从右侧的马尾中分出两束发片，进行两股拧绳后做手推花。

Step 07

将右侧马尾中剩余的头发继续拧绳，缠绕成发髻并固定。

Step 08

将左侧的马尾进行两股拧绳后做手推花。

Step 09

将拧绳的头发缠绕并固定成发髻。

Step 10

佩戴仿真花及头饰，点缀造型。

10

低发髻盘发

BRIDE HAIR STYLE

所用手法：烫发、拧包、连续拧转。

造型重点：此款造型的重点是后发髻的轮廓及拧转发卷的纹理，顶区发包的高低要根据新娘脸形的特点来控制。

风格特征：纹理精致的低发髻盘发结合前额的两缕发卷，搭配头饰，整体造型凸显出新娘浪漫而优雅的气质。

Step 01

将头发烫卷后，将顶区的头发做拧包并固定。

Step 02

取左侧的头发，做外翻拧转并固定。

Step 03

将发尾由前向后进行连续拧转并固定。

Step 04

将右侧的头发以同样的手法进行操作。

Step 05

取后发区左侧的头发，进行外翻拧转并固定。

Step 06

以同样的手法操作至发尾处。

Step 07

继续将发片做卷筒，再向上衔接并固定。

Step 08

将剩余的发片沿着发卷的纹理向右侧上方提拉并固定。

Step 09

佩戴仿真花，点缀造型。

Step 10

在顶区佩戴头饰，并将前额两侧的发丝烫卷。

11

低发髻盘发

BRIDE
HAIR
STYLE

所用手法：束马尾、拧绳。

造型重点：后发髻在束马尾时，马尾要处理得松一些，以便将发尾穿入；左右两侧的拧绳同样要处理得蓬松一些，并将边缘进行拉扯，使其轮廓更加饱满。

风格特征：简约的低发髻盘发优雅而大方，佩戴时尚彩冠，整体造型凸显出新娘时尚而优雅的迷人气质。

Step 01

将后发区的头发扎成低马尾。

Step 02

将发尾从马尾结扎处的上方穿过，形成发髻，并将两侧的头发进行拉扯，使其蓬松。

Step 03

将发尾再次穿过马尾发髻。

Step 04

将发尾藏好并用卡子固定。

Step 05

将左侧的头发向后进行拧绳，衔接到后发髻并固定。

Step 06

将右侧的头发做拧绳。

Step 07

将右侧拧绳的头发与后发髻衔接并固定。

Step 08

在顶区偏左侧佩戴头饰，点缀造型。

12 低发髻盘发

BRIDE HAIR STYLE

所用手法： 烫发、打毛、拧转、拧绳。

造型重点： 脑后的包发要圆润而饱满，后发区的拧绳发髻组合要叠加有序。

风格特征： 优雅的拧绳组合低发髻结合枕骨处圆润饱满的包发轮廓，搭配精致的头花，整体造型将新娘简约时尚的风格表现得淋漓尽致。

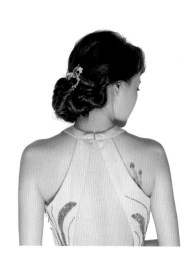

Step 01

将所有的头发烫卷。

Step 02

将顶区头发的根部打毛。

Step 03

将打毛的头发向后梳理干净，在枕骨下方用卡子固定。

Step 04

将左侧的头发做拧转并固定。

Step 05

继续取后发区中部的头发，拧转并固定。

Step 06

取右侧的头发做拧转并固定。

Step 07

继续以同样的手法操作剩余的头发。

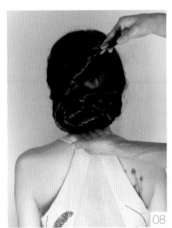

Step 08

将剩余的头发进行拧绳后，缠绕在发髻的边缘。

Step 09

用卡子固定缠绕在发髻周围拧绳的头发。

Step 10

佩戴头饰，点缀造型。

Step 11

调整刘海发尾的纹理及轮廓，使其更加蓬松。

13

低发髻盘发

BRIDE HAIR STYLE

所用手法： 烫发、束马尾、打毛、拧转。

造型重点： 在打造复古的内扣刘海时，要根据内扣刘海面积的大小来决定马尾束起的高低，面积大则低，反之则高。

风格特征： 优雅的及颈发髻结合复古内扣的刘海，搭配时尚而个性的皇冠，整体造型凸显出新娘个性而典雅的气质。

Step 01
将所有的头发烫卷。

Step 02
将刘海扎成马尾。

Step 03
将马尾的发尾向内拧转并固定。

Step 04
将顶区头发的根部打毛。

Step 05
将打毛的头发向后梳理干净。

Step 06
将梳理好的头发沿着左右耳垂下方用卡子固定。

Step 07
取后发区左侧的头发，向上拧转并固定。

Step 08
取后发区右侧的头发，向上拧转并固定。

Step 09
以同样的手法将剩余的发片依次向上拧转并固定。

Step 10
将剩余的头发向上拧转并固定后，将其盘起。

Step 11
佩戴头饰，点缀造型。

14

低发髻盘发

BRIDE
HAIR
STYLE

所用手法： 烫发、打毛、拧包、拧转。

造型重点： 脑后的包发要饱满圆润；后发区的发卷纹理要清晰，轮廓要饱满；操作时，两股拧绳的刘海要蓬松一些，不要过紧。

风格特征： 浪漫别致的卷发发髻结合纹理清晰的两股拧绳的刘海，搭配头饰，整体造型凸显出新娘唯美浪漫、时尚婉约的气质。

Step 01

将刘海进行外翻烫卷，再将剩余的头发进行外翻内扣，交叉烫卷。

Step 02

将顶区头发的根部打毛。

Step 03

将顶区的头发做拧包并固定。

Step 04

将发卷用手指打开，取后发区左侧的头发，向上拧转并固定。

Step 05

依次拧转并盘起后发区的发卷。

Step 06

拉扯顶区头发的发丝，使其自然而蓬松。

Step 07

将刘海做两股拧绳处理。

Step 08

将刘海的发尾与后发区衔接并固定。

Step 09

佩戴仿真花及头饰，点缀造型。

低发髻盘发

BRIDE HAIR STYLE

所用手法： 烫发、打毛、外翻拧转。

造型重点： 外扩式的盘发轮廓能极好地修饰长形脸的缺陷，在操作过程中，需掌握好整体发型轮廓的走向，切不可反向操作。

风格特征： 及颈的外扩式盘发在优雅中透着时尚感，结合纹理清晰、线条流畅的刘海发丝，搭配森系花冠，整体造型尽显新娘时尚而优雅的迷人气质。

Step 01

将所有的头发做外翻烫卷。

Step 02

将左侧的头发进行打毛，可起到增加发量的作用。

Step 03

将打毛的头发的表面梳理整齐后，做外翻拧转并固定。

Step 04

沿着后发际线依次将头发向右做外翻拧转并固定。

Step 05

将右侧剩余的头发进行外翻拧转并固定。

Step 06

用尖尾梳的尖端调整顶区头发的轮廓。

Step 07

将刘海整理出动感的线条及纹理。

Step 08

在顶区佩戴森系花冠，点缀造型。

16
低发髻盘发
BRIDE HAIR STYLE

所用手法： 烫发、拧包、打毛。

造型重点： 顶区的拧包要饱满而圆润，后发髻要左右对称，左右两侧刘海的发片要整理干净。

风格特征： 中分的刘海能很好地凸显新娘端庄而优雅的气质，顶区饱满的轮廓结合蓬松、自然的低发髻，搭配红色的皇冠，整体造型尽显新娘端庄而高贵的气质。

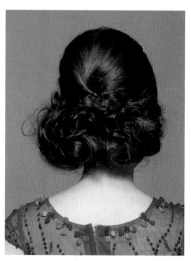

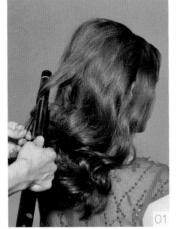

Step 01

取中号电卷棒，将头发的尾端烫卷。

Step 02

将顶区的头发做拧包并收起。

Step 03

用卡子固定拧包的头发。

Step 04

将刘海做中分处理。

Step 05

将左侧的刘海向后提拉，固定在枕骨处。

Step 09

在顶区佩戴皇冠，点缀造型。

Step 06

将右侧的刘海以同样的手法进行操作。

Step 07

将后发区的发卷做打毛处理。

Step 08

由左向右提拉打毛的发卷，然后拧转并固定成发髻。

17

低发髻盘发

BRIDE HAIR STYLE

所用手法： 烫发、拧转、手推波纹、卷筒。

造型重点： 精致而干净的手推波纹刘海与后发髻要衔接自然，整体发型轮廓要圆润饱满。

风格特征： 手推波纹是复古造型的经典形式之一，搭配卷筒发髻，再加上唯美的头饰的点缀，整体造型尽显新娘复古娴静的气质。

Step 01

将所有的头发烫卷。

Step 02

将后发区左侧头发的表面梳理干净。

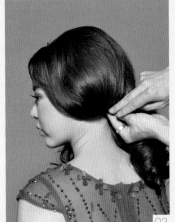

Step 03

将左侧梳理好的头发拧转，然后固定在左耳的后方。

Step 04

将右侧的刘海梳理出纹理。

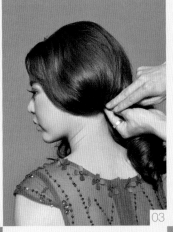

Step 05

将刘海进行手推波纹处理。

Step 06

取后发区右侧的发片，由右向左做卷筒并固定。

Step 07

将后发区剩余的头发向上做卷筒，收起并固定。

Step 08

佩戴头饰，点缀造型。

18
低发髻盘发
BRIDE HAIR STYLE

所用手法： 烫发、两股拧绳续发、抽丝。

造型重点： 此款造型的重点是保持整体轮廓的圆润；同时，两股拧绳时的力度要适中，可根据轮廓饱满的程度来控制拧绳的松紧，轮廓饱满则松，反之则紧。

风格特征： 两股拧绳抽丝是当下极为流行的盘发手法之一，纹理清晰、线条自然的韩式盘发可呈现出简约而不简单的造型风格，搭配粉嫩的花朵，整体造型尽显新娘清新雅致、柔美婉约的气质。

Step 01

取中号电卷棒，将头发烫卷。

Step 02

在前额中部刘海处取两束发片，向后进行两股拧绳。

Step 03

拉扯拧绳头发的前端，使其蓬松。

Step 04

将左侧剩余的刘海进行两股拧绳续发，直至后发区左侧并固定。

Step 05

取右侧刘海，进行两股拧绳续发至发尾。

Step 06

拉扯拧绳头发的边缘，使其蓬松而自然。

Step 07

将拧绳的头发提拉并固定在后发区。

Step 08

将剩余的头发进行两股拧绳，将其边缘进行拉扯，使其蓬松，然后将两股拧绳的头发固定在后发区。

Step 09

从两侧拧绳的边缘抽出自然的发丝。

Step 10

佩戴头饰，点缀造型。

19

低发髻盘发

BRIDE
HAIR
STYLE

所用手法： 玉米烫、三股单边续发编辫、蝴蝶结编辫。

造型重点： 在打造后发区的三股单边续发编辫时，要清楚上下发辫的轮廓和走向，发辫续入的发量要一致，否则发辫会粗细不均匀；发辫盘起的轮廓要圆润，同时要与偏侧蝴蝶结的发辫自然衔接。

风格特征： 婉约精致的编发发髻结合偏侧的蝴蝶结发辫，使造型极具韩式气息，再搭配飘逸动感的刘海，整体造型凸显出新娘婉约而精致的美感。

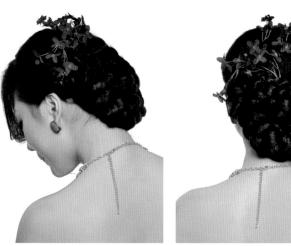

Step 01

将头发做玉米烫处理后，从左侧的头发中分出三股发片。

Step 02

将分出的头发由左向右进行三股单边续发编辫。

Step 03

编至后发区右耳的后方后转弯，继续以同样的手法操作。

Step 04

在左侧边缘留出一束发片以待用，将编好的发辫向上盘起。

Step 05

用卡子固定盘发。

Step 06

将留出的一束发片进行蝴蝶结编辫。

Step 07

编出 3~4 个蝴蝶结即可。

Step 08

将剩余的发尾进行两股拧绳。

Step 09

将拧绳缠绕至发辫的边缘并固定。

Step 10

取中号电卷棒，将刘海进行外翻烫卷。

Step 11

整理刘海的发丝纹理及线条，喷少量发胶定型。

Step 12

佩戴绢花，点缀造型。

20

低发髻盘发

BRIDE
HAIR
STYLE

所用手法： 束马尾、卷筒、鱼骨编辫、打毛、两股拧绳。

造型重点： 在处理后发区低发髻时，要使发髻圆润而饱满；此造型的重点是打造刘海发丝的透气感和线条的清晰感，要保证整体发型光洁而饱满。

风格特征： 优雅含蓄的低发髻盘发结合高耸的空气感刘海，整体造型凸显出新娘时尚而优雅的明星气质。

Step 01

将头发分为后发区及刘海区，将后发区的头发扎成低马尾。

Step 02

从低马尾的发尾中分出多束发片，取左侧的一束发片做卷筒，完成后将卷筒收起并固定。

Step 03

将卷筒留出的发尾编鱼骨辫。

Step 04

将发辫沿着卷筒轮廓的边缘缠绕并固定。

Step 05

将马尾右侧的头发以同样的手法进行操作。

04

05

06

07

08

Step 06

将中部剩余的发片分成两股并进行拧绳。

Step 07

将两股拧绳向上盘起并固定在左右卷筒发髻的交接处。

Step 08

将刘海向上提起，将其根部进行打毛。

Step 09

将刘海向后梳理，用尖尾梳调整顶区发丝的纹理。

Step 10

在发髻上方佩戴头饰，点缀造型。

09

10

21

低发髻盘发

BRIDE
HAIR
STYLE

所用手法: 烫发、束马尾。

造型重点: 后发髻的轮廓要小而精致,外翻的动感刘海要体现出线条感及透气感。

风格特征: 含蓄的低发髻结合外翻的动感刘海,一侧自然飘逸的发丝,搭配清新的绢花,整体造型凸显出新娘清新自然的甜美气质。

Step 01

分出刘海区的头发。

Step 02

将后发区的头发扎成低马尾。

Step 03

将低马尾的发尾从结扎处的上方穿过，形成发髻。

Step 04

将手指从下向上伸到发髻上方，再将发尾的尾端穿过发髻。

Step 05

使发髻形成一个卷筒，用卡子固定。

Step 06

将剩余的发尾由下向上收起并固定。

Step 07

将刘海进行外翻烫卷，然后在右侧沿着发卷的纹理向后提拉。

Step 08

将提拉的刘海拧转，收起并固定在后发区发髻的上方。

Step 09

在左侧留出一缕发丝后，将剩余的头发向上提拉并固定。

Step 10

佩戴绢花，点缀造型。

22

低发髻盘发

BRIDE HAIR STYLE

所用手法： 打毛、拧包、束马尾、拧转。

造型重点： 此款造型的操作手法极为简单，清爽干净是造型的关键，操作中，只需保证顶区轮廓的饱满度及后发区低发髻轮廓的走向自然即可。

风格特征： 圆润而饱满的顶区包发结合含蓄优雅的偏侧低发髻盘发，搭配欧美风格的网纱头饰，这款造型极好地凸显出新娘端庄优雅的简约风格。

Step 01

将顶区的头发打毛。

Step 02

将打毛的头发向后梳理，做拧包并固定。

Step 03

将剩余的头发扎成低马尾。

Step 04

将低马尾的发尾用中号电卷棒烫卷。

Step 05

取板梳，将头发沿着发卷的纹理梳理。

Step 06

取马尾中的一束发片，沿着皮筋处缠绕。

Step 07

用卡子固定缠绕好的头发。

Step 08

继续以同样的手法操作，将剩余的发片向上缠绕，盘起并固定。

Step 09

将尾端的头发向右侧提拉并固定。

Step 10

在顶区佩戴网纱头饰，在发髻处佩戴仿真花，点缀造型。

23

低发髻盘发

BRIDE HAIR STYLE

所用手法： 玉米烫、环扣编发、拧包、卷筒。

造型重点： 左右对称的环扣刘海编发在续发时发片大小要均匀，提拉的松紧度要一致，后发区卷筒的衔接要错落有序。

风格特征： 别致个性的环扣刘海编发结合复古的卷筒发髻盘发，搭配顶区花朵皇冠，整体造型尽显新娘清新而典雅的气质。

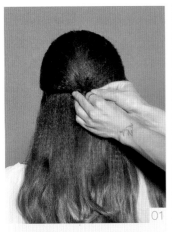

Step 01

将头发做玉米烫处理后，将顶区的头发做拧包处理，盘起并固定。

Step 02

将刘海做中分处理。取左侧刘海的两束发片，进行交叉并将头发穿过交叉处。

Step 03

拉扯两束发片，进行环扣编发。

Step 04

打结后，将两束发尾合并，再取一束发片，使其与之前合并的发尾进行交叉并穿过交叉处。

Step 05

拉扯两束发片并进行环扣编发。

Step 06

以同样的手法依次操作至耳朵前方。

Step 07

将剩余的头发向后提拉并固定。将右侧刘海以同样的手法操作。

Step 08

取左侧的一束发片，进行卷筒，然后将其盘起并固定。将右侧的刘海以同样的手法操作。

Step 09

依次错落有致地将发片向上做卷筒，然后收起并固定。

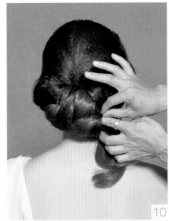

Step 10

将剩余的发片依次向上卷筒，收起并固定。

Step 11

将发尾做卷筒，收起并固定。

Step 12

佩戴头饰，点缀造型。

24

低发髻盘发

BRIDE HAIR STYLE

所用手法: 玉米烫、打毛、束马尾、三股单边续发编辫、两股拧绳。

造型重点: 后发区的编发发髻在续发时,要以Z字形操作,这样编出的发辫会有内扣的效果,发髻才能呈现一种自然饱满的状态,刘海的两股拧绳要与后发髻自然衔接,使其融为一体。

风格特征: 精致的编发发髻结合拧绳刘海,搭配当下流行的巴洛克风格的彩冠,并加上仿真花的点缀,整体造型尽显新娘高贵优雅的气质。

Step 01

将头发做玉米烫处理后，将顶区头发的根部打毛。

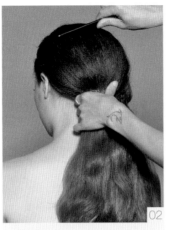

Step 02

将打毛的头发向后梳理整齐。

Step 03

用尖尾梳的尖端调整顶区头发的轮廓。

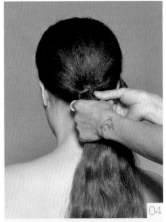

Step 04

将后区的头发扎成低马尾。

Step 05

在马尾中取三股发片。

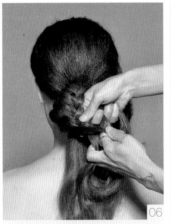

Step 06

由右向左进行三股单边续发编辫处理。

Step 07

将发辫剩余的部分以同样的手法操作至发尾。

Step 08

将发辫缠绕并固定在皮筋处，使其形成一个编发发髻。

Step 09

将刘海进行两股拧绳，然后拉扯其边缘。

Step 10

将刘海的发辫向后提拉并固定。

Step 11

将剩余的发辫缠绕至后发髻处并固定。

Step 12

佩戴头饰，点缀造型。

25

低发髻盘发

BRIDE
HAIR
STYLE

所用手法： 玉米烫、卷筒、拧转、三股编辫、做玫瑰花朵。

造型重点： 后发区的卷筒发髻要具有由细到粗的渐变，使其形成牛角的形状；在打造偏侧的玫瑰花朵时，发辫不要编得过紧，要拉扯发辫一侧的边缘，使其纹理更加清晰，这样操作有利于打造玫瑰花朵的花瓣。

风格特征： 个性的牛角发髻、精致的编发刘海，结合偏侧的玫瑰花朵造型，搭配精致头饰的点缀，整体造型凸显出新娘娇俏动人的气质。

Step 01

将头发做玉米烫处理后，分出刘海区，将顶区的头发做拧包，收起并固定。

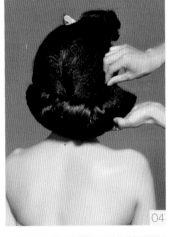

Step 02

取后发区左侧的一束发片，向上拧转并固定。

Step 03

由左向右依次将后发区的头发进行由下向上拧转并固定。

Step 04

将右侧剩余的头发做卷筒，拧转并固定。

Step 05

将刘海编三股辫。

Step 06

拉扯发辫的边缘，使其更加蓬松。

Step 07

将发辫的发尾做玫瑰花朵并盘起。

Step 08

将盘起的玫瑰花朵造型固定在右侧耳后方。

Step 09

佩戴花朵，点缀造型。

低发髻盘发

BRIDE HAIR STYLE

所用手法： 玉米烫、束马尾、卷筒。

造型重点： 后发髻的卷筒要以由大到小的层次来营造发型轮廓不对称的效果；将卷筒向上收起时，要将头发表面梳理干净，可适当涂抹少量发胶，使卷筒圆润光洁。

风格特征： 偏侧的刘海能很好地修饰脸形，结合复古卷筒的手法，打造不对称的发型轮廓，搭配森系花冠，整体造型极好地衬托出新娘时尚而复古的独特气质。

Step 01

将头发做玉米烫处理后，将后发区的头发扎成低马尾。

Step 02

将刘海向右侧梳理干净。

Step 03

以右眼尾为基准线，用鸭嘴夹将刘海固定。

Step 04

将刘海的发尾做连续发卷并固定。

Step 05

取马尾中的一束发片，做卷筒，盘起并固定。

Step 06

将发尾做小卷筒，衔接并固定在第一个卷筒内。

Step 07

继续取一束发片，做卷筒，收起并固定。

Step 08

以同样的手法继续将马尾中的头发做卷筒。

Step 09

将剩余的发尾做卷筒，与刘海的发髻衔接并固定。

Step 10

在顶区佩戴森系花冠，点缀造型。

27

低发髻盘发

BRIDE HAIR STYLE

所用手法： 玉米烫、束马尾、拧转。

造型重点： 后发髻的轮廓要做到圆润而有形，内扣刘海在操作中，要根据脸形的比例来拿捏发包覆盖额头的宽度。

风格特征： 简约优雅的低发髻盘发结合复古的内扣刘海，搭配彩冠及花朵，整体造型尽显新娘优雅复古的气质。

Step 01

将头发做玉米烫处理后，将后发区的头发扎成低马尾。

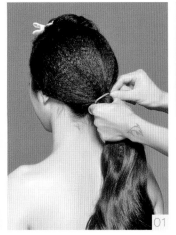

Step 02

将发尾处用皮筋扎起来。

Step 03

将头发向内对折并固定。

Step 04

将剩余的发尾由右向左提拉，收起并固定。

Step 05

将下方的头发分别向左右拉开，然后固定，使其轮廓更加圆润。

Step 06

将刘海向右侧提拉，并用皮筋扎起。

Step 07

将刘海的发尾向内拧转。

Step 08

用卡子固定好拧转的刘海，使其成为内扣刘海。

Step 09

佩戴头饰，点缀造型。

28

低发髻盘发

BRIDE HAIR STYLE

所用手法： 玉米烫、拧包、卷筒、手打卷、三股编辫。

造型重点： 顶区的头发要干净饱满，后发区的发髻在叠加时要有鲜明的层次。

风格特征： 中分刘海的处理极好地修饰了脸形，结合后发髻层次鲜明的轮廓造型，搭配森系头饰，整体造型尽显新娘端庄而婉约的气质。

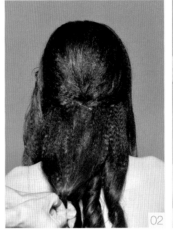

Step 01

将头发做玉米烫处理后，将顶区的头发做拧包并固定。

Step 02

将发尾用皮筋扎起。

Step 03

将扎皮筋的头发向上做卷筒，收起并固定。

Step 04

将剩余的头发做三股编辫，并盘绕在卷筒之上。

Step 05

将左侧的刘海分为上下两束发片，将下发片向后拧转并固定。

Step 09

佩戴头饰，点缀造型。

Step 06

将发尾向右侧做连续发卷并固定。

Step 07

将右侧的刘海向后发区提拉，做手打卷并固定。

Step 08

将左侧上发片向后提拉，做手打卷并固定。

29

低发髻盘发

BRIDE
HAIR
STYLE

所用手法： 玉米烫、拧包、卷筒、两股拧绳。

造型重点： 后发区右侧的两个卷筒要与左侧的两股拧绳头发巧妙地结合在一起，形成协调自然的后发髻轮廓；偏侧刘海的连续拧转可填充右侧卷筒旁的间隙。

风格特征： 卷筒和两股拧绳组合的发髻能够体现新娘的端庄雅致，结合偏侧刘海及连续拧转的发髻，搭配皇冠，打造出新娘端庄优雅的气质。

Step 01

将头发做玉米烫处理后，将顶区的头发做拧包并固定。

Step 02

取右侧的刘海，向外翻并拧转。

Step 03

将拧转的刘海提拉并固定在枕骨处。

Step 04

取后发区右侧的头发，向上做卷筒并固定。

Step 05

继续以同样的手法操作后发区中部的头发。

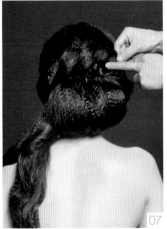

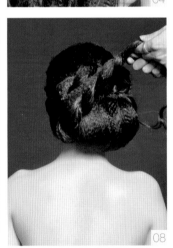

Step 06

取左侧的一束头发，进行两股拧绳。

Step 07

将拧绳的头发由左向右提拉并固定。

Step 08

将剩余的头发继续进行两股拧绳。

Step 09

将两股拧绳的头发固定在第一个拧绳的下方。

Step 10

在顶区佩戴皇冠，点缀造型。

30
低发髻盘发
BRIDE HAIR STYLE

所用手法： 玉米烫、束马尾、连续拧转。

造型重点： 后发区的连续拧转盘发层叠有序，发片之间要自然衔接，融为一体；同时每束发片提拉的走向要根据发髻轮廓的改变而改变。

风格特征： 纹理清晰、层次鲜明的连续拧转发髻与刘海相呼应，搭配顶区的皇冠，整体造型凸显出新娘复古俏丽的气质。

Step 01

将头发做玉米烫处理后，将后发区的头发扎成低马尾，从马尾中取一束发片，拧转并固定。

Step 02

将拧转的发尾依次向上延伸，做拧转并固定。

Step 03

拧转至发尾处后，将发尾做手打卷，收起并固定。

Step 04

取第二束发片，将其向上拧转并固定。

Step 05

将第二束发片的发尾以同样的手法操作。

Step 06

取第三束发片，向上提拉，做连续拧转并固定。

Step 07

取剩余的发片，向右上方做连续拧转并固定。

Step 08

取刘海外侧的发片，做拧转并固定。

Step 09

再取刘海内侧的发片，做拧转并固定。

Step 10

将刘海以同样的手法重复操作三次。

Step 11

将刘海的发尾向后连续拧转并固定。

Step 12

在顶区左侧佩戴皇冠，点缀造型。

31
低发髻盘发
BRIDE
HAIR
STYLE

所用手法： 玉米烫、束马尾、卷筒、手推波纹。

造型重点： 后发区的卷筒要光洁圆润，左中右的组合卷筒要融为一体，刘海的手推波纹要纹理清晰、干净。

风格特征： 组合卷筒的低发髻盘发结合复古的手推波纹刘海，搭配皇冠，整体造型尽显新娘时尚复古的女王气质。

Step 01

将头发做玉米烫处理后，将后发区的头发扎成低马尾。

Step 02

将发尾分出多束发片，将左侧的发片做卷筒，拧转并固定。

Step 03

衔接第一个卷筒，并将中部的头发做卷筒并固定。

Step 04

将右侧的头发做卷筒，与第二个卷筒衔接并固定。

Step 05

将刘海做手推波纹处理。

Step 06

将刘海依次以一前一后的推送手法操作，并用鸭嘴夹将波纹固定。

Step 07

刘海的波浪纹理要清晰干净。

Step 08

将刘海的发尾向后做手打卷，收起并固定。然后去掉鸭嘴夹。

Step 09

在顶区佩戴皇冠，点缀造型。

32

高发髻盘发

BRIDE HAIR STYLE

所用手法： 烫发、手推花、拧包。

造型重点： 手推花在操作时需要根据发髻轮廓的饱满度来决定拧包拧转的松紧，过紧则发髻太小，反之则太大。

风格特征： 饱满而高耸的盘发能极好地衬托出新娘高贵的气质，搭配浪漫的纱帽，整体造型凸显出新娘高贵典雅的迷人气质。

Step 01

将头发烫卷，取刘海中的一束发片进行拧绳。

Step 02

将拧绳进行抽丝后做手推花并固定。

Step 03

取左侧边缘的一束发片，以同样的手法进行操作。

Step 04

继续以同样的手法操作左侧耳上方的发片。

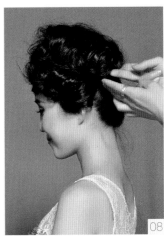

Step 05

将剩余的头发分为上下两个发区。

Step 09

在顶区右侧佩戴纱帽，点缀造型。

Step 06

将上发区向上提拉，做拧包，收起并固定。

Step 07

将下发区向上提拉，与上发区的发髻衔接后将其固定。

Step 08

将发尾进行内扣烫发，使其与刘海的手推花自然衔接并固定。

33

高发髻盘发

BRIDE
HAIR
STYLE

所用手法： 烫发、拧包、打毛。

造型重点： 上发区的拧包要饱满圆润，下发区的拧包则要紧致干净；上下发区的发尾要衔接自然，不要有脱节现象。

风格特征： 此款造型属于端庄优雅的盘发风格，高耸饱满的顶区，可以提升新娘的气质，偏侧的刘海可以修饰脸形，再搭配精致小巧的头饰，整体造型凸显出新娘端庄典雅的高贵气质。

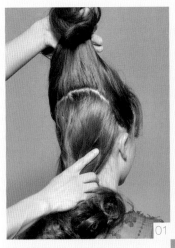

Step 01

将头发烫卷后，留出刘海发区，将剩余的头发分为上下两个发区，并将发尾做烫卷处理。

Step 02

将上发区做拧包并收起。

Step 03

用卡子固定拧包。

Step 04

将下发区的头发向上提拉，做拧包后固定。

Step 05

将所有发尾向一侧提拉并打毛。

Step 06

调整发丝的线条及纹理。

Step 07

将刘海向右侧梳理干净。

Step 08

佩戴头饰，点缀造型。

34

高发髻盘发

BRIDE
HAIR
STYLE

所用手法： 烫发、拧绳。

造型重点： 左右两侧及后发区的头发要光洁紧致，顶区的发髻轮廓要鲜明，有前低后高的弧度。

风格特征： 极具时尚感的莫西干拧绳盘发极适合头发偏长的新娘，操作手法简洁并能很好地凸显新娘的气质，搭配金属质感的头饰，整体造型凸显出新娘时尚而优雅的气质。

Step 01

将所有的头发烫卷。

Step 02

取顶区的头发进行拧绳操作。

Step 03

将拧绳缠绕成发髻后，固定在顶区前侧。

Step 04

取枕骨上方的头发，进行拧绳并缠绕。

Step 05

将拧绳的头发与顶区拧绳的发髻衔接并固定。

Step 06

将后发区的头发向上提拉，做拧绳处理，与枕骨处的拧绳发髻衔接并固定。

Step 07

将左侧的头发分为两束发片，向上拧转并固定。

Step 08

将发尾做拧绳处理后，与顶区的发髻衔接并固定。

Step 09

将右侧的头发同样分为两束发片，向上拧转并固定。

Step 10

将发尾做拧绳处理。

Step 11

将拧绳的发尾与枕骨上方的发髻衔接并固定。

Step 12

在右侧佩戴头饰，点缀造型。

35

高发髻盘发

BRIDE
HAIR
STYLE

所用手法：拧绳、手推花。

造型重点：此款造型的关键在于发型轮廓的弧度，前额的发髻轮廓要呈现半圆状，顶区要饱满而有层次。

风格特征：饱满蓬松的手推花组合发髻搭配仿真花，整体造型凸显出新娘高贵雅致的迷人气质。

Step 01

取顶区右侧的一束发片，并做拧绳处理。

Step 02

抓住发尾的发丝，将拧绳发片向前推送，做手推花处理。

Step 03

将处理好的头发固定在前额的右侧。

Step 04

继续以同样的手法操作前额中部的头发。

Step 05

将左侧的头发以同样的手法操作。

Step 06

取顶区右侧的头发，做拧绳手推花。

Step 07

将拧绳手推花的头发固定在顶区。

Step 08

将后发区的头发做拧包，盘起并固定。

Step 09

将拧包的发尾分出多束发片，做拧绳手推花并与前额发髻衔接后固定。

Step 10

继续将剩余的头发做拧绳手推花处理。

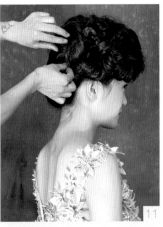

Step 11

将手推花的头发与顶区的发髻衔接并固定。

Step 12

佩戴头饰，点缀造型。

36

40

高发髻盘发

BRIDE HAIR STYLE

所有手法：束马尾、内扣烫发。

造型重点：后发区的发髻要圆润饱满，刘海组合发卷要与后发髻衔接自然，不要脱节。

风格特征：圆润饱满的后发髻结合复古时尚的发卷刘海，搭配顶区皇冠，整体造型尽显新娘时尚而复古的高贵气质。

Step 01

将后发区的头发扎成高马尾。

Step 02

在马尾的一半处继续用皮筋固定。

Step 03

将发尾向内拧转，收起并固定。

Step 04

取中号电卷棒，将刘海进行内扣烫卷。

Step 05

将刘海的发卷组合固定。

Step 06

调整发卷的轮廓，将发卷的发尾向上盘起并固定。

Step 07

在顶区佩戴头饰，点缀造型。

37

高发髻盘发

BRIDE
HAIR
STYLE

所用手法： 束马尾、内扣烫发、三股编辫。

造型重点： 顶区发髻的发片要错落有致地进行组合并固定，刘海发辫在编发时要蓬松饱满。

风格特征： 精致蓬松的编发刘海结合高耸的发髻盘发，搭配时尚的皇冠，整体造型尽显新娘高贵优雅的明星气质。

Step 01

将后发区的头发扎成高马尾。

Step 02

从马尾中取一束发片进行对折，并用皮筋捆绑。

Step 03

将捆绑后的头发拉出轮廓，并用卡子将其固定。

Step 04

将剩余的头发继续以同样的手法操作。

Step 05

由上到下依次进行同样的操作。

Step 06

整个发髻要打造出由大到小的渐变效果。

Step 07

将剩余的发片以同样的手法全部操作完成。

Step 08

将刘海进行内扣烫卷。

Step 09

将烫好的发卷进行三股编辫。

Step 10

将发辫沿着发髻边缘缠绕后，将其固定。

Step 11

拉扯发辫边缘，使其轮廓饱满。

Step 12

在顶区佩戴皇冠，点缀造型。

38

高发髻盘发

BRIDE
HAIR
STYLE

所用手法： 烫发、打毛、拧包。

造型重点： 此款造型的操作手法极为简单，只需掌握好发型的整体轮廓及发丝线条的凌乱感。

风格特征： 蓬松饱满的拧包盘发，轮廓圆润、线条纹理清晰，搭配顶区的绢花，整体造型尽显新娘娇俏甜美的田园风格。

Step 01

将所有的头发烫卷。

Step 02

将刘海向后提拉并打毛。

Step 03

将打毛的刘海做高耸蓬松的拧包并固定。

Step 04

将左侧的头发打毛。

Step 05

将左侧打毛的头发向顶区提拉，拧转并固定。

Step 06

将剩余的头发向上提拉并做拧包，然后盘起并固定。

Step 07

调整发丝纹理后，佩戴绢花，点缀造型。

Step 08

调整前额的发丝。

39

高发髻盘发

BRIDE HAIR STYLE

所用手法： 烫发、束马尾、连续拧转。

造型重点： 要扎成高马尾，在顶区拧转发片的大小要均匀，发卷与发卷之间的衔接要自然，轮廓要饱满而圆润。

风格特征： 连续拧转组合的高发髻盘发极好地提升了新娘的气质，边缘动感而飘逸的发丝为造型增添了一分活力，搭配头饰，整体造型凸显出新娘时尚而个性的气质。

Step 01

将头发烫卷后，将其扎成高马尾。

Step 02

取马尾中的一束发片，由右后方向左前方拧转并固定。

Step 03

继续取一束发片，进行连续拧转并固定。

Step 04

将发片由左向右进行拧转并固定。

Step 05

将发尾由左前方向右后方拧转并固定。

Step 06

继续取马尾中的一束发片，并用发卡固定。

Step 07

将发尾由右后方向左前方做连续拧转并固定。

Step 08

将剩余的头发分为两束发片，进行交叉拧转。

Step 09

将两束发片继续交叉拧转后用卡子固定。

Step 10

将发片以同样的手法操作至发尾。

Step 11

调整刘海及边缘的发丝。

Step 12

佩戴头饰，点缀造型。

高发髻盘发

BRIDE
HAIR
STYLE

所用手法： 拧包、拧转、连续拧转、两股拧绳。

造型重点： 在打造此款造型时，其重点是掌握每个发区之间的衔接方法，使整体造型呈现饱满圆润的轮廓。

风格特征： 纹理清晰的连续拧转组合盘发轮廓饱满而圆润，搭配头饰，整体造型尽显新娘时尚而复古的气质。

Step 01

将刘海进行高耸拧包并固定。

Step 02

将左侧的一束发片向顶区提拉，拧转并固定。

Step 03

取右侧的一束发片向顶区提拉，拧转并固定。

Step 04

在顶区取两束发片。

Step 05

将两束发片交叉拧转并固定。

Step 06

取左侧的头发以同样的手法拧转并固定。

Step 07

将头发由左向右操作至发尾。

Step 08

将剩余的头发进行两股拧绳。

Step 09

拧绳至发尾，将其提拉并固定。

Step 10

佩戴头饰，将其点缀在前额处。

Step 11

在发髻处点缀仿真花瓣。

41

高发髻盘发

BRIDE HAIR STYLE

所用手法： 拧绳、拧转、打毛。

造型重点： 左右发区及后发区要紧致而光洁，顶区及刘海处的发丝要有纹理感及线条感。

风格特征： 个性的偏侧莫西干盘发简约而具有时尚感，搭配偏侧的头饰，整体造型尽显新娘时尚的明星气质。

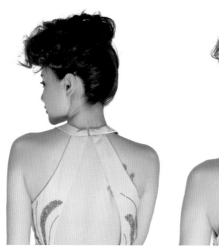

Step 01

取刘海，做拧绳后拧转并固定。

Step 02

将后发区上方的头发向上做拧绳并拧转。

Step 03

用卡子固定拧转的头发。

Step 04

将后发区左侧的头发向右侧提拉，做拧绳并拧转。

Step 05

将拧转的头发与顶区的头发衔接并固定。

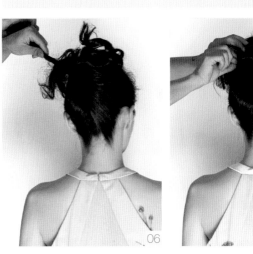 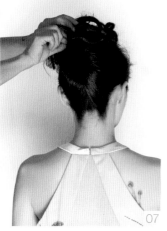

Step 06

将后发区右侧的头发向左侧提拉，做拧绳并拧转。

Step 07

将拧转的头发衔接顶区的发髻并固定。

Step 08

将刘海的发尾打毛。

Step 09

调整刘海的发丝纹理及轮廓。

Step 10

在右侧前额处佩戴头饰，点缀造型。

42

高发髻盘发

BRIDE HAIR STYLE

所用手法： 三股续发编辫、两股拧绳、连续拧转、手推花。

造型重点： 整体发型轮廓的走向要沿着枕骨上方进行延伸扩展，轮廓要圆润而饱满。

风格特征： 纹理清晰又饱满的高耸盘发结合精致蓬松的编发刘海，搭配皇冠，整体造型尽显新娘时尚高贵的气质。

Step 01

将刘海进行三股续发编辫。

Step 02

将刘海编至发尾后，拉扯发辫的边缘。

Step 03

将顶区的发片进行两股拧绳。

Step 04

将拧转后的发片固定在顶区右侧。

Step 05

取左侧的发片，进行拧转后固定。

Step 06

在枕骨上方进行连续拧转，然后将其固定在顶区。

Step 07

取后发区的头发，进行两股拧绳处理。

Step 08

将拧绳的头发做手推花后，向上提拉并固定。

Step 09

将剩余的头发进行手推花处理，向上提拉，拧转并固定。

Step 10

将刘海发辫沿着发际线缠绕并固定。

Step 11

对边缘的发丝进行调整，使其自然而蓬松。

Step 12

佩戴多彩皇冠，点缀造型。

43

高发髻盘发

BRIDE HAIR STYLE

所用手法： 烫发、束马尾、三股加一编发、连续拧转。

造型重点： 头发鲜明的纹理层次是此款造型的重点，操作时发卷与发卷之间要紧密衔接，边缘飘逸凌乱的发丝要有线条感，否则会使造型显得杂乱无章。

风格特征： 高耸的偏侧拧转发髻搭配多彩皇冠与仿真花，凸显出新娘别致典雅的气质，而边缘看似随意却动感十足的发丝为造型增添了一分时尚的活力。

Step 01

将所有的头发烫卷。

Step 02

将顶区的头发扎成高马尾。

Step 03

将后发区的头发进行三股编辫
操作。

Step 04

将发辫向上提拉，缠绕马尾发
髻后固定。

Step 05

将刘海前段做三股加一编发
处理。

Step 06

取马尾的一束发片，向前拧转
并固定。将发尾由左向右连续
拧转并固定。

Step 07

继续取马尾的一束发片，向前
拧转并固定。

Step 08

将所取发片的发尾做连续拧转
并固定。

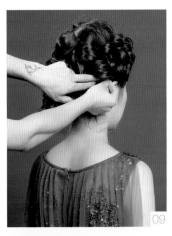

Step 09

将马尾的第三束发片以同样的
手法继续操作。

Step 10

将剩余的发片以同样的手法
操作。

Step 11

在左侧佩戴头饰，使整体造型
的轮廓更加饱满、协调。

Step 12

在发髻衔接处佩戴仿真花，点
缀造型。

44

高发髻盘发
BRIDE HAIR STYLE

所用手法： 烫发、拧转。

造型重点： 此款造型的重点是打造顶区的发髻，蓬松而自然是关键，在操作中，造型师全程只需用手指代替梳子即可。

风格特征： 蓬松而自然的丸子头发髻结合刘海飞发的处理，搭配个性时尚的皇冠，整体造型尽显新娘时尚俏丽的公主范儿。

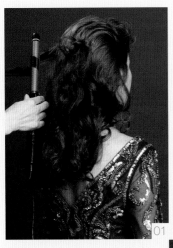

Step 01

将所有的头发烫卷。

Step 02

取顶区右侧的头发,向上拧转并固定。

Step 03

取顶区左侧的头发,向上拧转并固定。

Step 04

将剩余的头发用手指梳理后,向上提拉。

Step 05

将剩余的头发向上拧转并固定。

Step 06

将拧转后的头发的发尾调整出轮廓后固定。

Step 07

在顶区佩戴皇冠,点缀造型。

Step 08

调整刘海处的发丝,并将其定型。

45

高发髻盘发

BRIDE
HAIR
STYLE

所用手法： 单包、烫发。

造型重点： 后发区的单包要光洁紧致，偏侧的发卷组合要叠加有序，刘海与后发区的发卷要自然衔接，不要脱节。

风格特征： 光洁紧致的单包盘发结合叠加有序的发卷组合，搭配羽毛及绢花，整体造型尽显新娘时尚而个性的气质。

Step 01

分出刘海区的头发。

Step 02

将剩余的头发做单包，盘起并固定。

Step 03

将刘海做内扣烫卷，将后发区的发尾做外翻烫卷。

Step 04

将后发区烫卷的发尾依次排列并固定。

Step 05

将刘海的发卷与后发区的发卷自然衔接。

Step 06

在右侧佩戴羽毛与绢花，点缀造型。

46

高发髻盘发

BRIDE
HAIR
STYLE

所用手法： 玉米烫、束马尾、三股单边续发编辫。

造型重点： 此款造型的重点在于刘海与马尾发尾编发的自然衔接，左右发片的发量要一致，使其纹理统一；在操作前将头发进行玉米烫处理，以增加发量，使发型的轮廓更饱满。

风格特征： 清新雅致的编发造型结合边缘飘逸的发丝，为发型增添了一分灵动的活力，搭配仿真花，使整体造型的轮廓更为饱满，凸显出新娘甜美清新的娇俏气质。

Step 01

将头发做玉米烫处理后，分出刘海区及后发区，将后发区的头发扎成高马尾。

Step 02

取刘海并进行三股编辫，取马尾里的一束发片向里续入。

Step 03

将刘海及后发区马尾中的头发进行三股单边续发编辫。

Step 04

将发片续入时，注意发片的发量要均等。

Step 05

将刘海的头发及马尾的发片沿着右侧的发际线进行编辫。

Step 06

将马尾中的头发全部续入后，将剩余的发尾进行三股编辫。

Step 07

将发辫缠绕在马尾的皮筋处，并将其固定。

Step 08

在顶区的左侧佩戴头饰，点缀造型。

Step 09

从前额边缘挑出少量发丝。

Step 10

取小号电卷棒，将所挑出的发丝烫卷。

47

高发髻盘发

BRIDE HAIR STYLE

所用手法： 拧绳、烫发。

造型重点： 此款造型的重点在于打造空气感的刘海，首先将刘海发片分得稀薄些，烫发时均以外翻的手法来烫卷，发卷的大小、卷度要均匀。

风格特征： 简洁的拧绳丸子头发髻盘发俏丽而随意，搭配田园风格的花朵皇冠与具有空气感的刘海，营造出新娘清新俏丽的甜美风格。

Step 01

将头发分为上下两个发区。

Step 02

将上发区的头发做拧绳处理。

Step 03

将拧绳的头发盘起并固定在枕骨上方。

Step 04

将下发区的头发向上提拉并做拧绳处理。

Step 05

将拧绳的头发拧成发结。

Step 09

将烫卷的发卷打开，以营造空气感的发丝，然后喷发胶定型。

Step 06

将发结与上发区的发髻衔接并固定。

Step 07

将前额发际线的发片进行外翻烫卷。

Step 08

在顶区佩戴头饰，点缀造型。

48

高发髻盘发

BRIDE
HAIR
STYLE

所用手法： 玉米烫、束马尾、拧包、卷筒。

造型重点： 此款造型的重点是顶区发包之间的高度，发包与发包之间要自然衔接，发包的轮廓要圆润。

风格特征： 紧致高耸的卷筒发髻凸显出新娘高贵的气质，搭配华丽的皇冠，整体造型尽显新娘时尚大气、高贵优雅的女王气质。

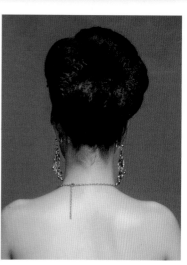

Step 01

将所有的头发进行玉米烫。

Step 02

将所有的头发扎成高马尾。

Step 03

取马尾左侧的一束发片，做拧包后收起并固定。

Step 04

取马尾右侧的一束发片，做拧包后收起并固定。

Step 05

将马尾的发片继续衔接边缘的发包并固定。

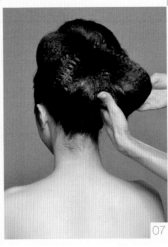

Step 06

继续取马尾左侧的一束发片，做卷筒，盘起并固定。

Step 07

以同样的手法将剩余的头发做卷筒，盘起并固定。

Step 08

在顶区佩戴皇冠，点缀造型。

49

高发髻盘发

BRIDE HAIR STYLE

所用手法： 拧包、三股编辫、三股单边续发编辫。

造型重点： 后发区的拧包要光洁紧致，提拉角度要高于90度；发辫的轮廓组合要圆润饱满，使刘海发区与后发髻自然衔接。

风格特征： 光洁而紧致的拧包盘发结合偏侧编发刘海，搭配皇冠，整体造型凸显出新娘高贵典雅的气质。

Step 01

将后发区的头发向左侧拧包并固定。

Step 02

将拧包后的发尾分成两份，将第一份编三股辫，直至发尾。

Step 03

将发辫对折并固定。

Step 04

将第二份编三股辫，直至发尾。

Step 05

将第二条发辫沿着第一条发辫的外边缘缠绕并固定。

Step 06

将刘海进行三股单边续发编辫。

Step 07

将刘海的发尾编三股辫后，沿着发髻边缘缠绕并固定。

Step 08

佩戴头饰，点缀造型。

BRIDE
HAIR
STYLE

后缀式盘发

50

后缀式盘发

BRIDE HAIR STYLE

所用手法：烫发、打毛。

造型重点：本造型的重点是高耸的旋涡状刘海、后发区发卷的纹理走向及轮廓造型，烫发时发卷的走向要一致；在打毛过程中，发片提拉的高度不低于90度，同时方向要一致。

风格特征：浪漫的后缀式卷发造型搭配时尚感极强的旋涡刘海，结合两侧佩戴的森系仿真花，整体造型不但时尚而个性，还为新娘增添了浪漫清新的气质。

Step 01

将所有的头发烫卷。

Step 02

将刘海进行打毛。

Step 03

将刘海由左向右调整发丝走向，打造饱满的轮廓。

Step 04

将左侧的头发拧包并固定。

Step 05

取右侧的发片向左侧提拉，拧转并固定。

Step 06

将后发区剩余的发尾做打毛处理。

Step 07

调整发丝的纹理及轮廓。

Step 08

在左右两侧佩戴头饰，点缀造型。

51

后缀式盘发

BRIDE
HAIR
STYLE

所用手法： 打毛、烫发。

造型重点： 此款造型主要应体现出发型的光洁感；顶区的轮廓略饱满，这样不仅能提升新娘的气质，还能起到修饰脸形的作用。

风格特征： 有点油头风格的盘发造型极具时尚感，外翻的发尾为造型增添了一分活力，无需任何头饰的点缀，造型便很好地凸显出新娘时尚而优雅的明星气质。

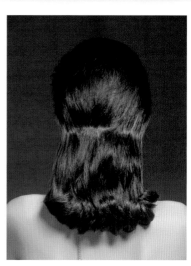

Step 01

将顶区头发的根部打毛。

Step 02

将打毛的头发向后梳理整洁。

Step 03

以左右双耳为基准线，用鸭嘴夹固定后发区的发片。

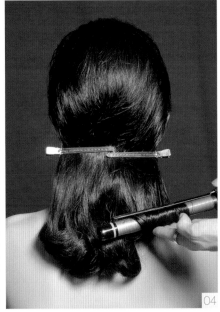

Step 04

取中号电卷棒，将发尾进行外翻烫卷。

Step 05

将后发区的头发喷上发胶定型。

Step 06

在发尾的卷发处喷发胶定型。

Step 07

待发胶干后，将鸭嘴夹取下即可。

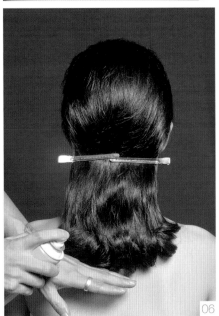

52 后缀式盘发

BRIDE
HAIR
STYLE

所用手法： 烫发、束马尾。

造型重点： 注意顶区发片穿过头饰后，应将饰品佩戴牢固；后发区的发髻轮廓要有由宽到窄的渐变效果。

风格特征： 用简洁重复式的束马尾手法打造精致的后缀式发髻，用发片包裹头饰，使头饰呈现若隐若现的视觉效果，整体造型凸显出新娘含蓄优雅的气质。

Step 01

将所有的头发烫卷。

Step 02

将头饰放在顶区后，取左侧的头发，并将其穿过发圈后固定。

Step 03

再取右侧的头发，穿过发圈后固定。

Step 04

在枕骨处左右两侧各取一束头发。

Step 05

用皮筋捆绑所取的头发并固定。

Step 09

将发尾向内收起并固定。

Step 06

将发尾从结扎处的上方处穿过。

Step 07

拉扯两侧的头发，使其蓬松。

Step 08

继续取发，并将剩余的头发以同样的手法操作，直至发尾。

53

后缀式盘发

BRIDE
HAIR
STYLE

所用手法：打毛、拧包、交叉拧转。

造型重点：刘海高耸的发包要圆润自然，在打造造型时，可根据新娘脸形的长短来控制发包的高度；后发区交叉拧转的发髻要处理得自然一些，不可拧转得过紧。

风格特征：高耸的偏侧刘海发包搭配纱帽，使前区造型圆润而饱满；后发区后缀式的发髻展现出新娘婉约而浪漫的气质。

Step 01

将刘海向后提拉并打毛。

Step 02

将打毛的刘海做拧包处理。

Step 03

用卡子固定拧包的头发。

Step 04

取左侧的一束发片，向顶区提拉，拧转并固定。

Step 05

取右侧的一束发片，以同样的手法操作，并拉扯发片。

Step 06

在后发区的左右两侧各取一束发片，进行交叉拧转。

Step 07

用卡子将拧转的头发固定在枕骨的下方。

Step 08

继续以同样的手法将剩余的头发拧转至发尾。

Step 09

在顶区佩戴仿真花及纱帽，在后垂的头发上也点缀仿真花。

54

后缀式盘发

BRIDE HAIR STYLE

所用手法: 烫发、束马尾、三股编辫。

造型重点: 此款造型的重点是后发髻的纹理轮廓,在操作时,三股编辫不可编得过紧,否则左右续发将无法操作,左右续发时发量要均等。

风格特征: 韩式经典的缀式发髻,纹理清晰,轮廓鲜明,搭配头饰,整体造型尽显新娘高贵而典雅的气质。

Step 01

将所有的头发烫卷。

Step 02

将顶区的头发扎成马尾。

Step 03

拉扯边缘的头发，使其蓬松而自然。

Step 04

取枕骨处的一束发片，编三股辫。

Step 05

用皮筋固定发尾。

Step 06

取左侧的一束发片。

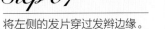

Step 07

将左侧的发片穿过发辫边缘。

Step 08

取右侧的一束发片，并以同样的手法进行操作。

Step 09

将后发区的头发依次以同样的手法操作至发尾。

Step 10

拉扯边缘加入的发片，使其自然而蓬松。

Step 11

将发尾进行调整并固定。

Step 12

佩戴头饰，点缀造型。

55

后缀式盘发

BRIDE HAIR STYLE

所用手法：玉米烫、打毛、手推波纹。

造型重点：顶区头发的轮廓饱满，后发区的内扣盘发要干净，复古的手推波纹层次鲜明。

风格特征：高耸饱满的顶区头发与层次鲜明的手推波纹刘海完美衔接，搭配当下流行的巴洛克彩冠，整体造型尽显新娘时尚复古的名媛气质。

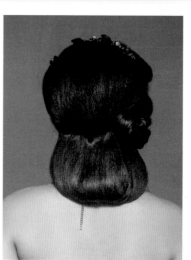

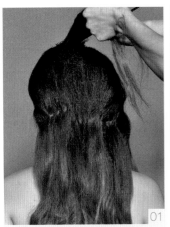

Step 01

将头发做玉米烫处理，将顶区头发的根部打毛。

Step 02

将打毛的头发向后梳理干净。

Step 03

以左右两耳的顶端连接线为基准线，用鸭嘴夹将头发沿着基准线固定，并喷发胶定型。

Step 04

将剩余的发尾用皮筋扎起。

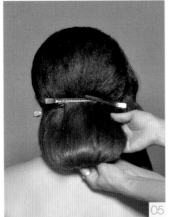

Step 05

将发尾的尾端内扣，收起并固定。

Step 06

在刘海处取一束发片，将其根部打毛。

Step 07

用手指提拉刘海，使其形成高耸的轮廓。

Step 08

将刘海用尖尾梳向后推送，用鸭嘴夹固定。

Step 09

继续以前后推送的手法来完成手推波纹刘海。

Step 10

将发尾向后发区提拉，做发卷后收起并固定。

Step 11

佩戴彩冠，点缀造型。

56

后缀式盘发

BRIDE
HAIR
STYLE

所用手法: 玉米烫、拧包、拧转。

造型重点: 后发区拧转的发片要左右均匀，同时要使卡子与头发呈十字状固定，刘海与后发区的发髻要融为一体，不要脱节。

风格特征: 经典的韩式交叉拧转盘发优雅而精致，搭配纱帽，整体造型凸显出新娘端庄优雅的气质。

Step 01

将头发做玉米烫处理后，将顶区的头发做拧包并固定。

Step 02

取左侧的一束发片，向枕骨处提拉，拧转并固定。

Step 03

取右侧的一束发片，向左侧提拉，拧转并固定。

Step 04

以相同的手法将后发区左右两侧的头发依次操作至发尾。

Step 05

将剩余的发尾向上做卷筒，盘起并固定。

Step 09

佩戴纱帽，点缀造型。

Step 06

将刘海向右侧梳理，用鸭嘴夹固定。

Step 07

将刘海向后做拧转并固定。

Step 08

将刘海依次做连续拧转，直至发尾。

127

57

后缀式盘发

BRIDE HAIR STYLE

所用手法： 束马尾、烫发、两股拧绳。

造型重点： 刘海区的造型以烫发结合两股拧绳的手法处理，在两股拧绳时，要使头发蓬松一些，这样才能将发卷的纹理凸显得更加明显。

风格特征： 后缀式的卷筒发髻结合偏侧的发卷刘海，搭配顶区的绢花皇冠，整体造型凸显出新娘娇俏可人的甜美气质。

Step 01

将后发区的头发扎成低马尾。

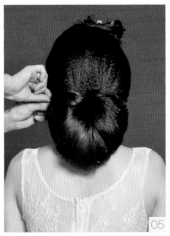

Step 02

将发尾从马尾结扎处的上方穿过，形成发髻。

Step 03

取马尾左侧的一束发片，将发尾穿过马尾发髻并固定。

Step 04

取马尾右侧的一束发片，以同样的手法操作。

Step 05

将发包左右两侧的头发进行提拉并固定。

Step 06

取小号电卷棒，将刘海烫卷。

Step 07

将刘海发卷做两股拧绳。

Step 08

将刘海发卷缠绕，盘起并固定在刘海的右上方。

Step 09

在顶区佩戴头饰，点缀造型。

58

后缀式盘发

BRIDE
HAIR
STYLE

所用手法： 玉米烫、烫发、束马尾、拧转。

造型重点： 后发区层叠有序的后缀式发髻，在操作时注意左右发片的分配要均匀，发片穿入内侧马尾结扎处时，内侧发片要整洁，可一边穿入，一边用梳子梳理内侧的头发。

风格特征： 层叠有序的后缀式发髻展现出新娘优雅而婉约的气质，结合卷发拧转刘海，搭配森系头饰，整体造型尽显新娘典雅的气质。

Step 01

将头发做玉米烫处理后，用小号电卷棒将刘海烫卷。

Step 02

从后发区左右两侧各取一束发片，并用皮筋扎起。

Step 03

将发尾对折后从马尾结扎处内侧穿过。

Step 04

将穿过的头发分为两束发片，向左右拉开。

Step 05

将拉开的头发用卡子固定在皮筋处。

Step 06

以同样的手法对后发区的头发依次进行操作。

Step 07

操作至发尾处后，将头发固定。

Step 08

将刘海沿着发髻的纹理进行拧转。

Step 09

将刘海与发髻衔接并固定在后发区的右侧。

Step 10

将刘海的发尾做拧转并固定。

Step 11

佩戴头饰，点缀造型。

59

后缀式盘发

BRIDE
HAIR
STYLE

所用手法： 玉米烫、三股单边续发编辫、三股编辫。

造型重点： 右侧三股单边续发编辫的发辫粗细要均匀，在续发时，只需续入右侧边缘的发片；左侧穿入的发片同样取左侧边缘的发片，并均匀续入，使造型轮廓成 V 字形。

风格特征： 精致的后缀式编发发髻纹理清晰，搭配顶区的头饰，整体造型凸显出新娘端庄而优雅的气质。

Step 01

将头发做玉米烫处理后，由刘海处开始进行三股编辫。

Step 02

由前向后将右侧边缘的头发开始三股单边续发编辫，将发尾用皮筋捆绑并固定。

Step 03

取左侧的一束发片，用 U 形卡将发片穿过发辫。

Step 04

依次将左侧的发片以同样的手法进行操作。

Step 05

将发辫尾端对折并固定。

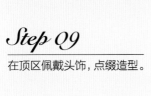

Step 06

将右侧留出的发尾进行三股编辫并收起。

Step 07

将右侧发辫的尾端与左侧发尾衔接后捆绑。

Step 08

将发尾向内对折并固定。

Step 09

在顶区佩戴头饰，点缀造型。

BRIDE
HAIR
STYLE

偏侧式盘发

60

偏侧式盘发

BRIDE HAIR STYLE

所用手法： 烫发、打毛、外翻拧转。

造型重点： 顶区圆润而饱满的轮廓、蓬松偏侧外翻的发髻是此款造型的重点，打毛时应注意操作的手法及发片提拉的角度。

风格特征： 时尚而优雅的偏侧低发髻盘发结合发尾浪漫自然的发卷，搭配清新的仿真花，凸显出新娘优雅浪漫、甜美动人的韩范儿。

Step 01

将头发烫卷后，将顶区头发的根部打毛。

Step 02

将打毛的头发向后梳理干净，调整顶区的轮廓。

Step 03

将左侧的头发沿着刘海进行外翻拧包，盘起并固定。

Step 04

继续沿着左侧耳后方将刘海进行外翻拧转并固定。

Step 05

取右侧的头发，做外翻拧转并固定。

Step 06

继续取后发区右侧的头发，向左侧拧转并固定。

Step 07

将剩余的发尾沿着发卷调整轮廓。

Step 08

提拉中部发卷，使后发髻更为饱满。

Step 09

佩戴头饰，点缀造型。

61

偏侧式盘发

BRIDE HAIR STYLE

所用手法： 烫发、三股续发编辫。

造型重点： 发量少的新娘可以在编发前进行玉米烫来增加发量；在后发区编发时，要做到干净紧致，发片提拉的角度不宜过低；刘海区的发辫要饱满而有形。

风格特征： 蓬松饱满的编发刘海婉约而精致，含蓄优雅的后发区编发搭配顶区森系女王范儿的花冠，使造型凸显出新娘清新、雅致的迷人气质。

Step 01

将头发烫卷，取刘海，并开始进行三股编辫。

Step 02

沿着左侧前额发际线进行三股续发编辫，直至耳上方。

Step 03

拉扯发辫的边缘，使刘海更加饱满。

Step 04

将刘海发辫固定在耳上方。

Step 05

取右侧区的头发，并将其分成三股均等的发片。

Step 06

将后发区的头发由右向左进行三股续发编辫。

Step 07

将发尾进行三股编辫。

Step 08

将发辫向内对折并收起，然后将其衔接并固定在刘海发辫处。

Step 09

在顶区佩戴森系花冠，点缀造型。

62

偏侧式盘发

BRIDE
HAIR
STYLE

所用手法： 打毛、拧转。

造型重点： 此款造型的重点在于保持发型的干净与紧致，以及顶区轮廓的饱满。

风格特征： 简洁大气的偏侧低发髻盘发展现出新娘端庄优雅的气质，搭配鹅黄色的绢花，尽显新娘时尚简约的风格。

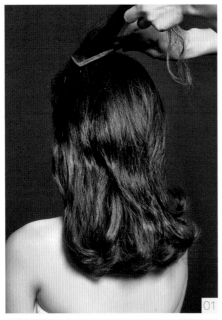

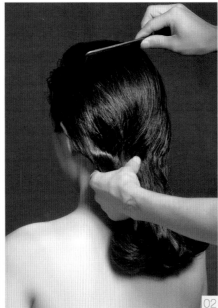

Step 01

将顶区的头发做打毛处理。

Step 02

将打毛的头发向后梳理干净。

Step 03

将后发区左侧的头发向右拧转并固定。

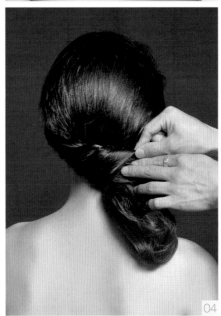

Step 04

继续将后发区左侧的头发由左向右进行拧转并固定。

Step 05

将所有的头发进行拧转后固定在右侧，形成偏侧发髻。

Step 06

整理发髻。

Step 07

佩戴绢花，点缀造型。

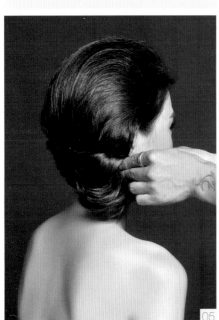

所用手法： 烫发、打毛。

造型重点： 此款造型操作手法极为简单，重点是掌握好一侧发丝的纹理及轮廓；在烫发时，发卷的方向要一致，以外翻烫发的手法进行处理。

风格特征： 浪漫的偏侧卷发能很好地营造新娘浪漫而柔美的感觉，搭配欧式风格的纱帽，整体造型尽显新娘优雅的气质。

Step 01

用小号电卷棒将所有的头发烫卷。

Step 02

取左侧的头发，进行拧转并固定。

Step 03

继续取后发区左侧的发片，向上提拉，拧转并固定。

Step 04

将顶区头发的根部做打毛处理。

Step 05

将所有的头发都向右侧梳理，将发尾向内拧转并固定，使其形成及颈的造型。

Step 06

用手拉扯刘海的发丝，使其自然而蓬松。

Step 07

佩戴纱帽，点缀造型。

64

偏侧式盘发

BRIDE
HAIR
STYLE

所用手法： 烫发、拧包、打毛。

造型重点： 后发髻在拧包提拉时角度要提拉得高一些，这样可使后发区更显干净；偏侧的刘海发髻在烫发时，要以外翻的手法进行操作。

风格特征： 简洁而大气的拧包盘发结合时尚而个性的外翻偏侧发髻，搭配当下流行的彩冠，整体造型凸显出新娘优雅大方的气质。

Step 01

取小号电卷棒，将所有的头发烫卷。

Step 02

将后发区的头发做拧包，盘起并固定。

Step 03

将留出的发尾进行打毛，使其蓬松。

Step 04

将刘海打毛，并将后发区拧包留出的发尾与刘海衔接在一起。

Step 05

将刘海向右后方外翻并提拉。

Step 06

将刘海固定在顶区拧包发髻处，在边缘留出一缕发丝。

Step 07

在顶区佩戴彩冠，点缀造型。

145

65

偏侧式盘发

BRIDE HAIR STYLE

所用手法： 烫发、单包、打毛。

造型重点： 紧致光洁的单包在操作时，发片提拉的角度要高于90度；偏侧外翻的刘海要以外翻烫发的手法进行操作，刘海发丝的纹理要清晰。

风格特征： 干练的单包盘发结合时尚而动感的外翻偏侧刘海，搭配绢花，整体造型尽显新娘时尚动感的明星气质。

Step 01

将头发烫卷后，将后发区的头发梳理干净，以尖尾梳的尖端作为轴心，准备盘发。

Step 02

将后发区的头发做单包，盘起并固定。

Step 03

将刘海向右侧提拉，并将其根部做打毛处理。

Step 04

将刘海的发尾外翻烫卷后，再做外翻打毛处理。

Step 05

将刘海的发尾向后提拉并固定在后发区。

Step 06

调整发丝的纹理，喷发胶定型。

Step 07

佩戴绢花，点缀造型。

66

偏侧式盘发

BRIDE
HAIR
STYLE

所用手法： 烫发、打毛、外翻拧转、拧包、卷筒。

造型重点： 刘海的造型要高耸饱满，偏侧外翻的轮廓要与后发区的卷筒发髻自然衔接。

风格特征： 偏侧外翻的刘海结合复古优雅的卷筒低发髻盘发，搭配精致的头饰，来烘托造型的层次感，整体造型将新娘娴静婉约的气质表现得淋漓尽致。

Step 01

将头发烫卷，然后将刘海的根部打毛。

Step 02

将刘海向右侧梳理，用鸭嘴夹将其固定。

Step 03

将刘海的发尾及右侧的头发进行外翻拧转。

Step 04

将拧转的头发固定在右侧耳后方。

Step 05

将顶区及左侧区的头发合并后做拧包。

Step 06

用卡子固定拧包。

Step 07

将后发区剩余的头发分出一束发片，向上做卷筒，收起并固定。

Step 08

将右侧剩余的头发以同样的手法操作，使其形成圆润的低发髻。佩戴头饰，点缀造型。

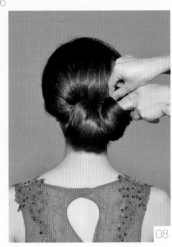

67

偏侧式盘发

BRIDE HAIR STYLE

所用手法： 烫发、打毛、两股拧绳、拧绳、内扣拧包。

造型重点： 前额刘海的发丝要纹理清晰，并具有透气性；偏侧的拧绳发髻要蓬松而自然，不要将其处理得过于紧致，否则会显得呆板。

风格特征： 蓬松随意的拧绳发髻结合空气感的刘海发丝，搭配宝蓝色的彩冠，整体造型尽显新娘大气优雅的气质。

Step 01

将所有的头发用电卷棒烫卷。

Step 02

将刘海的根部打毛。

Step 03

调整刘海的发丝纹理，使其自然蓬松。

Step 04

取右侧的头发，进行两股拧绳。

Step 05

将头发两股拧绳至发尾。

Step 06

将两股拧绳的头发固定在左耳的下方。

Step 07

用尖尾梳调整发辫前侧的头发，使其轮廓饱满。

Step 08

将后发区的头发由右向左进行内扣拧包。

Step 09

将内扣拧包的头发固定在左耳的下方。

Step 10

将内扣拧包的头发的发尾做拧绳处理。

Step 11

将拧绳的发尾由下向上、由左向右提拉并固定，拉扯拧绳头发边缘的发丝，使其蓬松而自然。

Step 12

佩戴头饰，点缀造型。

偏侧式盘发

BRIDE HAIR STYLE

所用手法： 打毛、烫发、卷筒、拧绳抽丝。

造型重点： 圆润饱满的低发髻轮廓要清晰，偏侧刘海的发丝要有线条感，在抽丝时拧绳提拉要紧致一些，发量不要过多。

风格特征： 复古优雅的卷筒低发髻结合纹理清晰的偏侧发髻，搭配森系花冠，整体造型凸显新娘清新甜美的恬静气质。

Step 01

将顶区头发的根部做打毛处理。

Step 02

将打毛的头发向后梳理干净。

Step 03

沿着左右两耳的水平连接线为基准线，用鸭嘴夹将头发固定。

Step 04

取左侧发尾，向上做卷筒，盘起并固定。

Step 05

继续以相同的手法操作。

Step 06

将剩余的头发依次进行卷筒，盘起并固定成低发髻。

Step 07

将鸭嘴夹取出。

Step 08

将刘海进行外翻烫卷。

Step 09

将刘海沿着发卷的纹理向一侧进行拧绳处理。

Step 10

将发尾抓住，将拧绳的边缘拉扯出发丝。

Step 11

将发尾拧转，衔接并固定在后发区发髻处。

Step 12

佩戴花冠，点缀造型。

69
偏侧式盘发
BRIDE
HAIR
STYLE

所用手法：卷筒。

造型重点：此款造型在操作时，卷筒的轮廓要圆润，表面要光洁；同时刘海卷筒与后发区卷筒要自然衔接，不要脱节。

风格特征：卷筒组合式的偏侧发髻盘发搭配多彩的头饰，整体造型尽显新娘复古端庄的气质。

Step 01

以左右两侧耳尖的连线为基准线，分出刘海区及后发区。

Step 02

将刘海做偏侧卷筒处理。

Step 03

用卡子固定卷筒。

Step 04

将后发区的头发向右侧梳理，用鸭嘴夹固定。

Step 05

将后发区固定后剩余的头发做卷筒。

Step 06

用卡子固定卷筒。

Step 07

将两个卷筒衔接并固定。

Step 08

佩戴头饰，点缀造型。

偏侧式盘发

BRIDE HAIR STYLE

所有手法： 束马尾、卷筒、拧转、手打卷。

造型重点： 此款造型的重点是外翻刘海与后发区发髻自然衔接，后发髻的发卷大小要均匀。

风格特征： 饱满的卷筒组合发髻结合婉约偏侧的刘海，再搭配头饰，整体造型展现出新娘恬静而婉约的气质。

Step 01

将头发扎成低马尾。

Step 02

取发尾的一束头发，向上拧转，用鸭嘴夹固定，将尾端做卷筒并收起。

Step 03

用卡子固定卷筒以后，取出鸭嘴夹，再用卡子固定。

Step 04

取第二束发片，用同样的手法进行操作。

Step 05

取第三束发片，用同样的手法进行操作。

Step 06

继续以同样的手法操作第四束发片。

Step 07

将剩余的发片进行三股编辫。

Step 08

将发辫沿着发髻边缘缠绕后，用卡子固定发辫。

Step 09

将刘海向右侧梳理，用鸭嘴夹将其固定。

Step 10

将发片做外翻拧转并固定。

Step 11

将发尾做连续手打卷后，与后发髻衔接并固定。

Step 12

佩戴头饰，点缀造型。

71

偏侧式盘发

BRIDE
HAIR
STYLE

所用手法： 烫发、两股拧绳。

造型重点： 右侧的头发要梳理干净；两股拧绳的起点不要低于耳垂，拧绳边缘抽丝时发量要少；前额烫发的发卷以外翻的手法进行操作。

风格特征： 偏侧的发髻能极好地凸显新娘娇俏的气质，精致的拧绳纹理结合线条清晰的动感发丝，搭配时尚而个性的皇冠，整体造型尽显新娘娇俏的公主范儿。

Step 01

将所有的头发烫卷。

Step 02

将所有的头发向左侧梳理。

Step 03

将所有的头发分成两束发片并进行两股拧绳。

Step 04

两股拧绳直至发尾。

Step 05

将拧绳的头发由左向右再向顶区提拉。

Step 06

用卡子固定拧绳的发尾。

Step 07

拉扯拧绳头发的边缘，使其自然而蓬松。

Step 08

在前额留出少许发丝，用小号电卷棒烫卷。

Step 09

将发卷沿着拧绳的边缘进行调整。

Step 10

佩戴头饰，点缀造型。

72

偏侧式盘发

BRIDE
HAIR
STYLE

所用手法： 烫发、三股单边续发编辫、打毛。

造型重点： 在三股单边续发编辫时，发片续入的发量要均等，要沿着后发际线进行操作；刘海处的发丝纹理要清晰。

风格特征： 经典的韩式三股续发编辫结合线条流畅的动感刘海，搭配右侧仿真花，整体造型凸显出新娘时尚而妩媚的独特气质。

Step 01

取中号电卷棒将所有的头发烫卷。

Step 02

在左耳边留出一缕发丝。

Step 03

将左侧的头发向后进行三股编辫。

Step 04

接下来将头发由左向右进行三股单边续发编辫。

Step 05

将头发编至发尾处时用皮筋扎起。

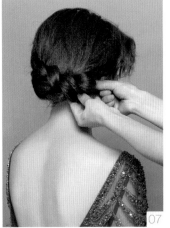

Step 06

将发辫向内对折。

Step 07

用卡子将对折的发辫固定在右耳的后方。

Step 08

将刘海打毛。

Step 09

调整打毛刘海的发丝及纹理走向。

Step 10

取仿真花,并佩戴在右侧发髻处,点缀造型。

73

偏侧式盘发

BRIDE
HAIR
STYLE

所用手法： 三股续发编辫、内扣烫发、蝎子编辫。

造型重点： 后发区三股续发编辫要紧一些，刘海区的蝎子编发要蓬松一些，同时要做到一边编发一边拉扯发辫的边缘来打造发辫的轮廓。

风格特征： 精致的编发组合呈现出圆润的偏侧轮廓，搭配俏丽而精美的头饰，整体造型尽显新娘清新而甜美的气质。

Step 01

将头发分为刘海区与后发区两部分，取后发区左侧的头发，进行三股续发编辫。

Step 02

将头发编至后发区右下方的发际线处。

Step 03

以三股编辫的手法继续编发，直至发尾。

Step 04

将发辫盘起并固定在后发区的右侧。

Step 05

将刘海及右侧的头发进行内扣烫卷。

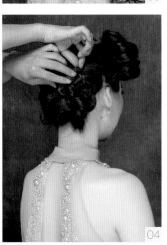

Step 06

将烫卷的头发进行蝎子编辫，直至发尾。

Step 07

拉扯发辫的边缘，使其自然蓬松。

Step 08

将发辫沿着后发区发髻的边缘进行缠绕。

Step 09

用卡子固定发辫。

Step 10

佩戴头饰，点缀造型。

74
偏侧式盘发

BRIDE
HAIR
STYLE

所用手法：烫发、拧绳抽丝、连续拧转。

造型重点：此款造型的重点是掌握拧绳抽丝的手法及拧绳之间的组合衔接。

风格特征：纹理清晰的拧绳抽丝组合盘发精致而富有层次感，搭配华丽的皇冠，整体造型凸显出新娘高贵而华美的女王气质。

Step 01

将所有的头发烫卷。

Step 02

取左侧的头发，进行拧绳处理并拉扯拧绳头发的边缘。

Step 03

将拧绳后的头发固定在脑后。

Step 04

取后发区左侧的头发，以同样的手法进行操作。

Step 05

取刘海，以同样的手法进行操作。

Step 06

取右侧的头发，以同样的手法进行操作，并将其固定在后发区的左侧。

Step 07

继续取后发区右侧的头发，以同样的手法进行操作并固定。

Step 08

继续以同样的手法对后发区右侧的头发进行操作。

Step 09

取后发区左侧的头发，做连续拧转并固定。

Step 10

将左侧头发的发尾向内收起并固定。

Step 11

佩戴华丽的皇冠，点缀造型。

75

偏侧式盘发

BRIDE
HAIR
STYLE

所用手法：烫发、内扣拧转、拧转、连续卷筒

造型重点：此款造型看似复杂，其实只要掌握好发型整体轮廓的走向，运用组合的手法即可完成操作；注意发卷与发卷之间要衔接自然，不要有空隙。

风格特征：层叠有序的发卷组合盘发结合复古的内扣刘海，搭配精美头饰，整体造型极好地凸显出新娘优雅复古的气质。

Step 01

将所有的头发烫卷。

Step 02

取顶区的一束头发，做内扣拧转并固定。

Step 03

继续以同样的手法操作。

Step 04

将刘海做内扣拧转并固定。

Step 05

继续取一束发片，做内扣拧转并固定。

Step 06

取顶区的一束头发，做拧转并固定。

Step 07

继续以同样的手法操作至左侧区的头发。

Step 08

取后发区左侧的一束发片，向上提拉并固定。

Step 09

继续取一束发片，向右上方提拉，拧转并固定。

Step 10

将发尾进行拧转并固定。

Step 11

将剩余的发尾与刘海处的头发自然衔接并固定。

Step 12

继续取后发区右侧的头发，向上提拉，拧转并固定。

Step 13

以同样的手法将剩余的头发向上提拉，拧转并固定。

Step 14

将发尾做连续卷筒后，盘起并固定。

Step 15

将剩余的头发以同样的手法收起并固定。

Step 16

佩戴头饰，点缀造型。

偏侧式盘发

BRIDE
HAIR
STYLE

所用手法： 束马尾、连续卷筒。

造型重点： 马尾的位置决定了发髻的位置，此款造型为偏侧式发髻，所以马尾要偏侧扎起；连续卷筒的走向要统一，这样才能使造型的轮廓饱满，层次鲜明。

风格特征： 精致的偏侧卷筒组合盘发搭配与服饰同色系的皇冠，整体造型凸显出新娘时尚而高贵的名媛气质。

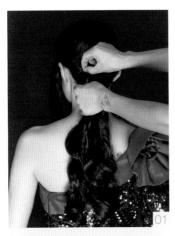

Step 01

将后发区的头发扎成偏侧马尾。

Step 02

取马尾中的一束发片，做拧包并固定。

Step 03

将发尾向左上方提拉，拧转并固定。

Step 04

以连续卷筒的手法操作至发尾。

Step 05

取马尾中的第二束发片，以同样的手法进行操作。

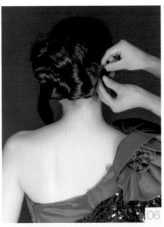

Step 06

取马尾中的第三束发片，以同样的手法进行操作，使形成的卷筒与第二束卷筒自然衔接并固定。

Step 07

将刘海向左侧梳理，用鸭嘴夹将其固定在耳上方。

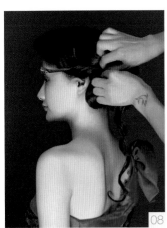

Step 08

将刘海向后做外翻拧转后固定。

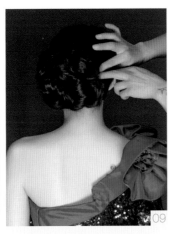

Step 09

将发尾沿着后发髻边缘缠绕并固定。

Step 10

对刘海喷发胶定型后，取下鸭嘴夹。

Step 11

佩戴皇冠，点缀造型。

偏侧式盘发

BRIDE
HAIR
STYLE

所用手法： 玉米烫、拧绳、卷筒。

造型重点： 此款造型运用重复组合的手法衔接而成，高耸的刘海与偏侧卷筒的发髻要做到衔接自然。

风格特征： 干净的拧绳盘发结合带有复古气息的偏侧卷筒发髻，搭配欧式风格纱帽，整体造型将新娘端庄的气质表现得淋漓尽致。

Step 01

将所有的头发进行玉米烫，以增加发量。

Step 02

取左侧的一束发片，向右侧做拧绳，提拉并固定。

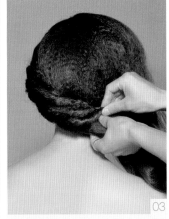

Step 03

继续由左向右依次进行拧绳，提拉并固定。

Step 04

继续以同样的手法操作。

Step 05

将刘海向右侧梳理，用尖尾梳调整刘海轮廓的高度。

Step 06

用鸭嘴夹将刘海固定，并喷发胶定型。将发尾做外翻卷筒，盘起并固定。

Step 07

继续将刘海的发尾以同样的手法收起并固定。

Step 08

将剩余的头发衔接在后发髻的卷筒边缘并固定。

Step 09

将发尾继续以同样的手法收起并固定。

Step 10

用手整理发髻，使其自然而饱满。取下鸭嘴夹。

Step 11

佩戴头饰，点缀造型。

78

偏侧式盘发

BRIDE
HAIR
STYLE

所用手法： 玉米烫、卷筒、束马尾、拧转。

造型重点： 在打造饱满的偏侧卷筒发髻时，要注意卷筒之间的自然衔接，卷筒发片提拉的高度决定了发髻整体轮廓的走向，过低会使造型有种压迫感，过高则会让造型显得呆板而老气。

风格特征： 复古的卷筒低发髻结合饱满的偏侧卷筒，搭配欧式复古纱帽，整体造型尽显新娘复古优雅的气质。

Step 01

将头发做玉米烫处理后，取刘海，将其做高耸拧包并固定，留出发尾。

Step 02

取右侧的头发，包裹刘海剩余的发尾，做卷筒，拧转并固定。

Step 03

继续以同样的手法操作右侧的头发。

Step 04

取左侧区的一束发片，向顶区拧转并固定。

Step 05

将所取发片的发尾做连续打卷，与右侧的卷筒衔接并固定。

Step 06

将剩余的头发扎成低马尾。

Step 07

将低马尾的发尾向上做卷筒，盘起并固定。

Step 08

将卷筒向两侧提拉并固定，使卷筒的轮廓更为圆润。

Step 09

在后发髻处点缀仿真花朵。

Step 10

在前额的左侧佩戴纱帽，点缀造型。

79

偏侧式盘发

BRIDE
HAIR
STYLE

所用手法： 打毛、拧包、8
字结、手打卷。

造型重点： 后发髻8字结
的操作手法是此款造型的
关键，首先将发片对折，
上下交叉叠加，将发尾穿
过发圈，拉出发尾一半的
头发，然后将其收紧即可。

风格特征： 饱满的顶区包
发、别致的偏侧8字结低
发髻，结合能有效修饰脸
形的中分刘海，再搭配彩
冠，整体造型凸显出新娘
优雅迷人的气质。

Step 01

将刘海进行中分。

Step 02

将顶区的头发做拧包，盘起并固定。

Step 03

将剩余的头发扎成低马尾。

Step 04

从马尾中取一束发片，以 8 字结的手法处理。

Step 05

将发结固定在后发区的左侧。

Step 06

依次以同样的手法将剩余的头发操作完成。

Step 07

将左侧的刘海向后提拉，形成一定的弧度并固定。

Step 08

将刘海的发尾做手打卷，收起并固定。

Step 09

将右侧的刘海以同样的手法操作。

Step 10

佩戴头饰，点缀造型。

偏侧式盘发

BRIDE HAIR STYLE

所用手法： 玉米烫、续发编辫、蝎子编辫。

造型重点： 在进行顶区续发编辫时，要将续入的发片提拉并收紧；后发区的发髻要光洁圆润，同时偏侧的发辫要蓬松饱满。

风格特征： 光洁精致的编发组合盘发运用蓬松的蝎子辫来营造发型的整体轮廓，结合含蓄简约的低发髻编发，搭配纱帽，整体造型凸显出新娘高贵优雅的气质。

  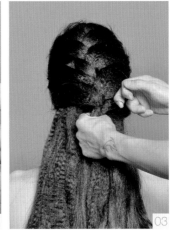

Step 01

将头发做玉米烫处理后，取顶区的头发，并将其分成三股发片。

Step 02

将顶区的头发进行三股续发编辫。

Step 03

将发辫编至与左右耳垂在同一水平线上，用皮筋固定。

Step 04

取后发区左侧的一束发片，进行蝎子编辫。

Step 05

将蝎子辫向顶区提拉，盘绕在发际线并将其固定。

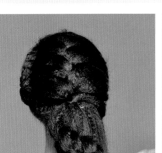  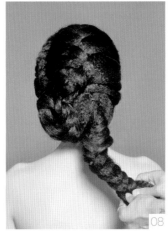

Step 06

取后发区的一束发片，进行蝎子编辫。

Step 07

将编好的蝎子辫盘绕并固定在后发区。

Step 08

将剩余的头发进行蝎子编辫。

Step 09

将编好的蝎子辫盘绕并固定在后发区。

Step 10

佩戴头饰，点缀造型。

81

偏侧式盘发

BRIDE
HAIR
STYLE

所用手法： 玉米烫、蝎子编辫、连续拧转。

造型重点： 为了使后发髻的轮廓饱满，在造型前要将头发进行玉米烫处理来增加发量；后发区的发辫在缠绕时要轮廓圆润；刘海发区与后发区要完美衔接。

风格特征： 偏侧的低发髻盘发与外翻拧转的刘海自然衔接，搭配纱帽绢花，整体造型凸显出新娘优雅大方的气质。

Step 01

将头发做玉米烫处理后，将后发区的头发扎成低马尾。

Step 02

将马尾进行蝎子编辫。

Step 03

拉扯发辫边缘，使其自然而蓬松。

Step 04

将发辫缠绕成圆形发髻后将其固定。

Step 05

将刘海向上做外翻拧转操作并固定。

Step 06

将刘海余下的部分依次做连续拧转，衔接并固定在后发髻处。

Step 07

将刘海的发尾收起并固定。

Step 08

佩戴头饰，点缀造型。

82

不规则盘发

BRIDE HAIR STYLE

所用手法： 打毛、单包、烫卷。

造型重点： 在打造饱满而光洁的单包盘发时需掌握竖向下发卡的力度；在打造发尾向内收起的光洁感时可利用尖尾梳的尖端，向内边拨弄边下发卡。

风格特征： 光洁而简约的单包盘发结合复古的外翻卷筒刘海，再搭配顶区的彩冠，整体造型尽显新娘高贵而典雅的气质。

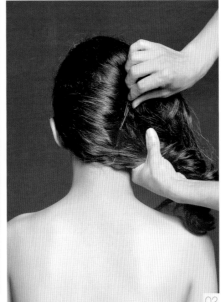

Step 01

将顶区及左侧的头发根部进行打毛。

Step 02

将打毛的头发向右侧梳理干净，并用卡子竖向固定。

Step 03

将右侧头发的根部打毛，并向左侧梳理干净，将发尾向内收起，做单包并固定。

Step 04

将刘海向右侧提拉，将其根部打毛后，将头发的表面梳理干净。

Step 05

取中号电卷棒，将发尾进行外翻烫卷。

Step 06

将发卷沿着纹理固定在右侧耳上方。

Step 07

在顶区佩戴彩冠，点缀造型。

88

不规则盘发

BRIDE HAIR STYLE

所用手法： 烫发、打毛、拧转。

造型重点： 看似随意而凌乱的发丝线条，其实是在操作过程中精心雕琢的；发丝的线条纹理一定要营造出乱中有序的层次感。

风格特征： 浪漫而蓬松的BOBO发型，结合两侧飘逸的发丝，搭配顶区华丽的皇冠，整体造型凸显出新娘高贵而俏丽的迷人气质。

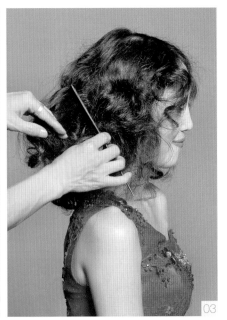

Step 01

用小号电卷棒将所有的头发烫卷。

Step 02

将刘海做中分处理。

Step 03

将发卷打毛，使其自然蓬松。

Step 04

取右侧的头发，将发尾向内拧转并固定。

Step 05

将左侧以同样的手法操作，两侧边缘留出少许垂下的发丝。

Step 06

将后发区剩余的头发以同样的手法进行操作。

Step 07

在顶区佩戴华丽的皇冠，点缀造型。

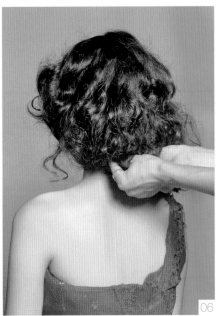

84

不规则盘发

BRIDE HAIR STYLE

所用手法： 烫发、拧包、打毛。

造型重点： 此款造型在操作过程中，需要掌握顶区的发片在交叉拧转时的衔接，并使其轮廓由前到后形成一个圆润的弧度。

风格特征： 顶区交叉拧转的盘发含蓄而优雅，搭配纹理清晰的发卷纹理，加上前额饰品的点缀，整体造型尽显新娘娇俏甜美的气质。

Step 01

取中号电卷棒，将所有的头发烫卷。

Step 02

将刘海做拧包并固定。

Step 03

取左侧的头发，向顶区提拉并固定。

Step 04

取右侧的头发，向顶区提拉并固定。

Step 05

继续取左侧耳上方的头发，向顶区提拉并固定。

Step 06

以同样的手法操作至后发区的枕骨下方。

Step 07

将发尾的卷发打毛，使其自然蓬松，并使发丝线条更为清晰自然。

Step 08

在前额处佩戴头饰，点缀造型。

85

不规则盘发

BRIDE
HAIR
STYLE

所用手法： 烫发、内扣、两股拧绳。

造型重点： 在烫发时，发卷要呈外翻内扣的交错状；发卷不宜烫得过于卷曲，否则就无法打造自然浪漫的披发。

风格特征： 自然披散的浪漫卷发，以及左右对称的中分刘海，搭配森系的皇冠，整体造型尽显新娘甜美清新、烂漫可人的气质。

Step 01

取中号电卷棒，将头发烫卷。

Step 02

将刘海做中分处理。

Step 03

将左侧刘海及左侧的头发向后提拉后，做内扣并收起。

Step 04

将提拉内扣后的头发固定在后发区的左侧。

Step 05

将右侧的头发以同样的手法进行操作。

Step 09

佩戴头饰，点缀造型。

Step 06

取枕骨处的发片进行两股拧绳。

Step 07

拉扯拧绳头发的边缘，使其轮廓更为饱满。

Step 08

将拧绳的头发盘起，固定在枕骨处。

86
不规则盘发
BRIDE HAIR STYLE

所用手法： 烫发、拧包。

造型重点： 此款造型的操作手法很简单，往往简单的手法重复使用后就能打造出精致的效果；造型的重点是对发型轮廓的准确把握。

风格特征： 顶区略微偏侧的高耸盘发，采用自然而蓬松的效果，搭配森系的花冠，整体造型凸显出新娘清新靓丽的甜美风格。

Step 01

将头发烫卷，取顶区右侧的头发，做拧包后固定。

Step 02

由右向左沿着发际线进行拧包并固定。

Step 03

取左侧的一束发片，包裹刘海的发尾，进行拧转并固定。

Step 04

将左侧的头发继续以同样的手法操作。

Step 05

取右侧的头发，向枕骨处提拉并固定。

Step 06

将剩余的头发向上提拉拧转后固定。

Step 07

将发尾做手打卷后，收起并固定。

Step 08

在顶区佩戴森系花冠，点缀造型。

87

不规则盘发

BRIDE HAIR STYLE

所用手法： 烫发、束马尾、双侧手推波纹、连续卷筒。

造型重点： 刘海处的手推波纹要贴合额头，并能修饰脸形；后发区的卷筒发髻要保证每个卷筒的大小均匀。

风格特征： 双侧式的手推波纹刘海极具复古气息，结合后发髻的卷筒造型，搭配顶区的彩冠，整体造型尽显新娘高贵复古的女王气质。

Step 01

将头发用中号电卷棒烫卷。

Step 02

将后发区的头发扎成低马尾。

Step 03

将刘海做四六分区，将右侧的刘海进行手推波纹处理。

Step 04

注意保持波纹的纹理清晰，每一个波纹用鸭嘴夹固定。

Step 05

将刘海的发尾向后固定在马尾发髻处。

Step 06

将左侧的刘海进行手推波纹，并将其发尾固定在马尾发髻处。

Step 07

将马尾分出多束发片，将第一束发片由下向上做连续卷筒。

Step 08

以同样的手法处理第二束发片。

Step 09

依次将发片进行卷筒后，衔接并固定。

Step 10

将剩余的发片向上做连续卷筒，收起并固定。

Step 11

在顶区佩戴彩冠，点缀造型。

不规则盘发

BRIDE
HAIR
STYLE

所用手法： 打毛、拧包、手推花、两股拧绳续发。

造型重点： 后发区的每个手推花的发片要均等，纹理要一致，同时刘海要与后发髻自然衔接。

风格特征： 纹理清晰的手推花低发髻盘发结合偏侧的两股拧绳刘海，搭配前额的头饰，整体造型凸显出新娘典雅娴静的气质。

Step 01

将顶区头发的根部打毛。

Step 02

将打毛的头发向后梳理干净。

Step 03

将顶区的头发拧包，并固定。

Step 04

取后发区左侧的头发，进行两股拧绳至发尾。

Step 05

抓住拧绳头发的发尾并向前推送，进行手推花处理。

Step 06

将手推花拧转并固定在后发区的左侧。

Step 07

以同样的手法依次由左向右进行手推花，然后将手推花组合成低发髻。

Step 08

将刘海分为前后两束发片。

Step 09

将后发片进行两股拧绳处理。

Step 10

将头发进行两股拧绳续发操作至发尾。

Step 11

将刘海的发尾衔接并固定在后发髻处。

Step 12

在前额处佩戴头饰。将刘海的前发片整理出轮廓，固定在耳上方。

89

不规则盘发

BRIDE
HAIR
STYLE

所用手法： 打毛、束马尾、手推波纹。

造型重点： 后发区的发髻在束马尾时一定要蓬松，否则轮廓会显得过于紧贴且不饱满；刘海的手推波纹要以一前一后的推送手法进行操作，要贴合前额发际线来打造轮廓。

风格特征： 简洁的内扣发髻结合复古的手推波纹刘海，搭配时尚而个性的头饰，整体造型凸显出新娘复古而高贵的气质。

Step 01

将后发区头发的根部做打毛处理。

Step 02

将打毛的头发表面梳理干净。

Step 03

将后发区的头发束成蓬松的低马尾。

Step 04

将马尾的发尾向内拧转，收起并固定。

Step 05

将刘海最前端的头发的根部打毛。

Step 06

将打毛的刘海表面的头发梳理干净后，进行手推波纹。

Step 07

将手推波纹操作至发尾，并喷发胶定型，待发胶干后取下鸭嘴夹。

Step 08

在顶区佩戴头饰，点缀造型。

90

不规则盘发

BRIDE
HAIR
STYLE

所用手法： 烫发、打毛、拧转、手推花。

造型重点： 顶区的头发要略微饱满，左右发髻要对称，发丝纹理要清晰自然。

风格特征： 空气感的刘海结合森系凌乱的手推花发髻，搭配顶区的头饰，整体造型凸显出新娘娇俏而时尚的气质。

Step 01

用电卷棒将所有的头发烫卷。

Step 02

将顶区头发的根部打毛。

Step 03

将打毛的头发表面梳理干净。

Step 04

将右侧的头发拧转并固定在耳后方。

Step 05

将右侧头发的发尾做手推花。

Step 06

将做手推花后的头发向上提拉，拧转并固定。

Step 07

将左侧的头发拧转并固定。

Step 08

将左侧头发的发尾做手推花，拧转并固定。

Step 09

将后发区的头发拧转并固定。

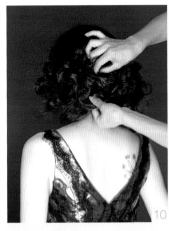

Step 10

将后发区头发的发尾做手推花，拧转并固定。

Step 11

调整刘海的轮廓及线条。

Step 12

佩戴头饰，点缀造型。

不规则盘发

BRIDE
HAIR
STYLE

所用手法： 烫发、三股续发编辫、拧转。

造型重点： 左右发区的头发要分配均匀，中间发区的发辫要蓬松饱满，在编发时发辫不宜编得过紧。

风格特征： 精致的三股续发编辫结合层次鲜明、纹理清晰的双侧拧转盘发，加上前额小卷的发丝，搭配顶区华丽且闪亮的动感皇冠，整体造型尽显新娘灵动娇俏的气质。

Step 01

将所有的头发烫卷。

Step 02

取顶区的头发，分成三股发片。

Step 03

将所取的三股发片在脑后中间处由上到下进行三股续发编辫。

Step 04

将发辫的尾端拉住，并拉扯发辫的边缘，使其自然蓬松。

Step 05

将右侧的头发分出多束发片，向顶区方向拧转并固定。

Step 06

将左侧的头发以同样的手法进行操作。

Step 07

将留下的发尾盘起并固定。

Step 08

调整前额边缘的发卷，使其更加自然。

Step 09

佩戴头饰，点缀造型。

92
不规则盘发
BRIDE
HAIR
STYLE

所用手法： 烫发、打毛、拧转、卷筒。

造型重点： 刘海顶区的头发要蓬松自然，发丝要有凌乱感；后发区发髻的轮廓要呈半圆状，使前后发区自然衔接。

风格特征： 圆润的复古盘发结合刘海顶区凌乱而动感的发丝，搭配仿真花，整体造型凸显新娘时尚而复古的唯美气质。

Step 01

将所有的头发烫卷。

Step 02

将刘海区和顶区的头发的根部打毛。

Step 03

用手指将打毛的头发向后梳理，使其自然。

Step 04

将打毛的头发拧转后固定在顶区。

Step 05

将左侧头发的根部打毛。

Step 06

将打毛的头发向顶区提拉并固定。

Step 07

取后发区左侧的头发，向上拧转并固定。

Step 08

继续由左向右以同样的手法操作。

Step 09

将剩余的头发做卷筒后收起。

Step 10

用卡子固定卷筒。

Step 11

佩戴仿真花，点缀造型。

93

不规则盘发

BRIDE
HAIR
STYLE

所用手法： 拧绳、打毛、手推波纹。

造型重点： 对后发区第一个发髻的操作，可有效地解决新娘头发过长或者发量偏多的问题，同时还能打造固定其他发片的一个支撑点。

风格特征： 复古的手推波纹刘海结合俏丽的及颈BOBO发型，搭配顶区的皇冠，整体造型凸显出新娘时尚而复古的气质。

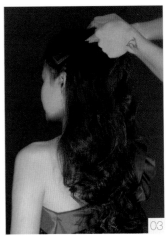

Step 01

将后发区的头发做拧绳，缠绕并盘起。

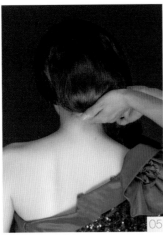

Step 02

用卡子固定发髻。

Step 03

将顶区及左右两侧头发的根部做打毛处理，使其蓬松而饱满。

Step 04

将打毛的头发向后梳理干净后，将左侧的头发向后发区提拉，拧转并固定。

Step 05

用后发区上方剩余的头发包裹发髻并固定。

Step 06

将刘海推出波纹状，用鸭嘴夹固定。

Step 07

将刘海的发尾向后发髻处收起并固定。

Step 08

喷发胶，将刘海定型后，取下鸭嘴夹。

Step 09

在顶区佩戴头饰，点缀造型。

94

不规则盘发

BRIDE
HAIR
STYLE

所用手法： 烫发、两股拧绳续发。

造型重点： 在两股拧绳续发时，发片续入的发量要均等，同时操作手法要有连续性；在对拧绳的边缘进行抽丝时，抽出的发量不宜过多。

风格特征： 纹理清晰、轮廓鲜明的两股拧绳续发盘发结合边缘的飞发，搭配顶区的头饰，整体造型尽显新娘时尚俏丽的明星气质。

Step 01

将所有的头发烫卷。

Step 02

从右侧刘海处开始，进行两股拧绳续发。

Step 03

由右向左继续进行两股拧绳续发。

Step 04

将两股拧绳续发操作至左侧发尾。

Step 05

将两股拧绳续发的发尾拧转，固定在左侧耳上方。

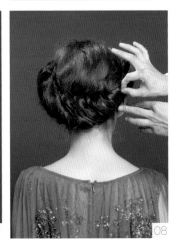

Step 06

调整顶区及刘海处的发丝。

Step 07

佩戴头饰，点缀造型。

Step 08

拉扯拧绳边缘的发丝，使其纹理更加清晰，轮廓更加鲜明。

Step 09

将刘海边缘的发丝进行外翻烫卷。

Step 10

调整发丝线条后，喷发胶定型。

不规则盘发

BRIDE
HAIR
STYLE

所用手法: 玉米烫、拧包、卷筒。

造型重点: 做造型前,需将所有的头发进行玉米烫处理,这样可以增加发量,便于造型;此款造型的重点是整体轮廓的对称性。

风格特征: 整体造型轮廓圆润饱满且左右对称,后发区卷筒组合的复古发髻搭配华丽的皇冠,整体造型尽显新娘高贵典雅的气质。

Step 01

将头发做玉米烫处理后，将顶区的头发做拧包，盘起并固定。

Step 02

将刘海做中分处理，取左侧的刘海，向后外翻，拧转并固定。

Step 03

将左侧刘海的发尾做卷筒，拧转并固定。

Step 04

将右侧的刘海以同样的手法操作。

Step 05

将右侧刘海的发尾做卷筒，拧转并固定。

Step 06

取后发区左侧的头发，做卷筒并固定。

Step 07

将后发区右侧的头发以同样的手法进行操作。

Step 08

将剩余的发尾向上做卷筒，收起并固定。

Step 09

在后发区的发卷处点缀仿真花。

Step 10

在顶区佩戴华丽的皇冠，点缀造型。

96

不规则盘发

BRIDE HAIR STYLE

所用手法： 玉米烫、拧转、两股拧绳、两股拧绳续发。

造型重点： 顶区拧转的包发要饱满一些，造型师可根据新娘脸形的长短来拿捏发型的高低；在拧绳续发时，续入发片的发量要均匀；将拧绳的头发盘起时，整体要靠右侧，使右侧的轮廓更加圆润而有形。

风格特征： 交叉拧转的顶区盘发结合纹理清晰的拧辫发髻，搭配仿真花与纱帽，整体造型极好地凸显出新娘高贵典雅的名媛气质。

Step 01

将头发做玉米烫处理后，取顶区左侧的一束发片，拧转并固定。

Step 02

取顶区右侧的一束发片，由右向左拧转并固定。

Step 03

取左右两侧的头发，向顶区提拉，拧转并固定。

Step 04

在顶区取两束发片，进行两股拧绳。

Step 05

将拧绳的头发由上向下、由左向右进行两股拧绳续发。

Step 06

继续由右向左将剩余的头发全部续入。

Step 07

将两股拧绳续发的发尾做两股拧绳至尾端。

Step 08

将拧辫盘起并固定在左侧耳后方。

Step 09

佩戴头饰，点缀造型。

不规则盘发

BRIDE HAIR STYLE

所用手法：烫发、鱼骨编辫、拧转。

造型重点：将后发区的头发烫卷时，要以内扣外翻的手法进行操作；前额刘海的发卷则要以外翻的手法进行操作，使卷发的走向一致，营造出时尚的空气感造型。

风格特征：简约而浪漫的发卷披发结合空气感的刘海，整体造型尽显新娘时尚而唯美的风格。

Step 01

将所有的头发烫卷。

Step 02

将所有的头发向后梳理，在脑后进行鱼骨编辫。

Step 03

将发辫向上推送，固定在枕骨处。

Step 04

取左侧的一束发片，向中部提拉，拧转并固定。

Step 05

取右侧的一束发片，以同样的手法进行操作。

Step 06

在顶区佩戴彩冠，点缀造型。

Step 07

沿着前额的边缘挑出几缕发丝，用小号电卷棒将其烫卷。

Step 08

将发卷整理出凌乱感，覆盖彩冠，然后喷发胶将其定型。

98

不规则盘发

BRIDE
HAIR
STYLE

所用手法：玉米烫、两股拧绳。

造型重点：为体现整个顶区轮廓的饱满与圆润，可先将顶区的头发进行玉米烫处理；左右两侧的两股拧绳要对称。

风格特征：韩范儿的拧绳发辫结合浪漫自然的披散卷发，搭配绢花，整体造型尽显新娘唯美浪漫的迷人气质。

Step 01

将所有的头发做玉米烫处理。

Step 02

将刘海做中分处理，分出左右发区。

Step 03

取左侧的刘海，向后进行两股拧绳。

Step 04

拉扯拧绳头发的边缘，使其自然而蓬松。

Step 05

将拧绳的发辫固定在枕骨处。

Step 06

将右侧的发片以同样的手法进行操作。

Step 07

取后发区左侧的一束发片，进行两股拧绳，拉扯发辫的边缘。

Step 08

将发辫向右侧提拉并固定。

Step 09

取后发区右侧的一束发片，以同样的手法进行操作。

Step 10

继续取左侧的一束发片，以同样的手法进行操作。将拧绳发辫与上方的拧绳发辫衔接好，用卡子固定。

Step 11

将剩余的头发用手指抓开，使发卷呈现自然而微卷的纹理。

Step 12

佩戴饰品，点缀造型。

99

不规则盘发

BRIDE
HAIR
STYLE

所有手法: 玉米烫、束马尾、三股编辫。

造型重点: 左右盘起的发辫要饱满,这样可以使整体轮廓更加明显;在编发前,可将头发进行玉米烫来增加发量;此款造型的操作手法极为简单,但需要保证整体轮廓的对称性。

风格特征: 带有欧美风格的编发造型古典而优雅,搭配皇冠及花朵,整体造型凸显出新娘端庄高贵的气质。

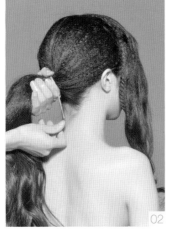

Step 03

取马尾中的一束发片，做三股编辫。

Step 04

将发辫向上提拉，并固定在顶区右侧。

Step 05

将马尾中剩余的发片做三股编辫。

Step 06

将发辫向上提拉，并沿着已固定的发辫内侧由右向左提拉并固定。

Step 07

将刘海做三股编辫，直至发尾。

Step 08

将刘海发辫与后发区右侧的发辫衔接并固定。

Step 09

将刘海的发尾做发卷，固定在马尾的皮筋处。

Step 10

佩戴皇冠及花朵，点缀造型。

100

不规则盘发

BRIDE
HAIR
STYLE

所用手法： 玉米烫、手打卷、波浪烫。

造型重点： 此款造型在操作前，需将头发进行玉米烫，以增加发量，打造发型饱满的轮廓；在对刘海进行波浪烫时，发片分区要均匀，并贴合发根进行处理；后发区与刘海区的衔接要自然。

风格特征： 及肩的不对称式BOBO造型结合带有复古气息的波浪式刘海，搭配顶区华丽的皇冠，整体造型尽显新娘时尚妩媚的气质。

Step 01

将所有的头发用玉米夹烫卷，以增加发量。

Step 02

将后发区的头发扎成低马尾。

Step 03

将发尾做手打卷并收起。

Step 04

将发尾向内拧转后，用卡子固定。

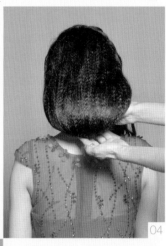

Step 05

将刘海用波浪夹烫卷。

Step 06

将刘海的发尾做手打卷并收起。

Step 07

将刘海与后发区的发髻衔接并固定。

Step 08

在顶区佩戴皇冠，点缀造型。